转型与更新：
朝阳北票市总体城市设计

高雁鹏　荣玥芳　李超　主编

中国建筑工业出版社

图书在版编目（CIP）数据

转型与更新：朝阳北票市总体城市设计／高雁鹏，
荣玥芳，李超主编 . —北京：中国建筑工业出版社，
2019.9
ISBN 978-7-112-24151-4

Ⅰ.①转…　Ⅱ.①高…　②荣…　③李…　Ⅲ.①城市
规划 – 建筑设计 – 研究 – 北票 Ⅳ.① TU984.231.4

中国版本图书馆 CIP 数据核字（2019）第 182301 号

责任编辑：石枫华　毋婷娴
责任校对：赵　菲

转型与更新：朝阳北票市总体城市设计

高雁鹏　荣玥芳　李超　主编
*
中国建筑工业出版社出版、发行（北京海淀三里河路 9 号）
各地新华书店、建筑书店经销
北京方舟正佳图文设计有限公司制版
北京缤索印刷有限公司印刷
*
开本：880×1230 毫米　1/16　印张：8¾　字数：265 千字
2019 年 11 月第一版　2019 年 11 月第一次印刷
定价：149.00 元
ISBN 978-7-112-24151-4
　　　　（34657）

序

传承是最好的纪念！作为梁思成先生、林徽因先生创办中国大学建筑系、开展现代建筑教育和设计实践、从事古建筑保护研究的起点，东北大学于2013年重建建筑学院。2018年，中国建筑学会在东北大学举办了纪念梁思成创办中国现代建筑教育90周年纪念活动，并举行梁思成纪念馆揭牌仪式，来自国内主要建筑院校的近30位院士、大师和专家学者出席仪式和活动。

梁思成先生不仅是杰出的建筑学家，也是城市规划大师，著名的"梁陈方案"展现了先贤卓越的前瞻性和独立精神。东北大学梁思成纪念馆的启用为东大文化和东大精神注入了新的内容，也是对东北大学新一代建筑人、规划人新的期许和鞭策。历史的遗产更意味着责无旁贷的使命，只有锐意进取，才能与时俱进，再创辉煌！

以生态文明为基调的"多规合一"国土空间规划框架正在构建中，"五级三类"的国土空间规划体系需要传统的城乡规划学科在继承的基础上做大量的调整适应和改进提升。总体城市设计是一种特殊类型的城市设计，由于理论研究与实践开展的薄弱而相对滞后。面对新的规划体系，如何重新审视城市自身的独特价值和定位，为城市空间建设找到一条和谐演进之路，既能统领全局、制定整体的空间形态指引框架，同时又能指导具体的空间设计与项目建设，做到规范性与灵活性的兼顾、普遍性与个性的统一，应为总体城市设计所持续探讨。

"北票市总体城市设计"是东北大学与北京建筑大学、沈阳建筑大学、吉林建筑大学共同举办的第一次联合毕业设计活动，由东北大学江河建筑学院承办，是国内众多联合毕业设计活动中具有区域代表性的一项。以总体城市设计作为设计类型，基于问题导向，聚焦资源型城市转型发展困境，理清城市鲜明特质、探索形态活力要素、提升城市综合价值。三地四校的大五学生们经过两个多月的精心设计，为北票市贡献了饱含激情的作品，每个方案都洋溢着新时代学子对城市的情怀、对社会的关注、对生活的热爱、对专业的思考，以及对未来的憧憬。联合毕业设计现已顺利完成，将各设计方案集结成册交付出版，是四校首次活动的有形成果，值得留存、分享和供有关城市在规划建设中参考；联合毕业设计和交流与探索过程中碰撞出的火花、增进中的友谊、拓展开的思考，这些无形的成果将有更久远的意义。同时，我们还希望这次活动能在高校城乡规划专业设计类主干课程教学形式、内容设置、能力培养方式的探索中有所贡献，对高校城乡规划教育交流有所增益。

　　感谢北票市分管领导同志和规划局对活动的支持！

二〇一九年六月九日

编 委 会

东 北 大 学

修春亮 教　授　高雁鹏 副教授　刘生军 副教授
李　洋 讲　师 崔　俏 讲　师

北京建筑大学

欧阳文 教　授　荣玥芳 教　授
张云峰 教授级高级城市规划师

沈阳建筑大学

李　超 教　授　张海青 副教授

吉林建筑大学

赵宏宇 教　授 杨　戟 教　授

联合毕设师生团队名单

东北大学：

指导教师：　　　　　　学生团队：

修春亮 教　授　　　一组：高钰轩　黄菖彬　杨宁宁　翁雪寒
高雁鹏 副教授　　　二组：吴晓娇　闫奕彤　宗　珂
刘生军 副教授
李　洋 讲　师
崔　俏 讲　师

北京建筑大学：

指导教师：　　　　　　学生团队：

欧阳文 教　授　　　吴　琪　陈开文　杨迎艺　刘香洋　曲舒羽　张皓铭
荣玥芳 教　授
张云峰 教授级高级
　　　　城市规划师

沈阳建筑大学：

指导教师：　　　　　　学生团队：

李　超 教　授　　　李一丹　李孟睿　王剑尧　魏　波
张海青 副教授

吉林建筑大学：

指导教师：　　　　　　学生团队：

赵宏宇 教　授　　　王海洋　孙诗雨　孔　雪　韩　蒙　曾玉熙　朱芳阅
杨　彧 教　授

目录

东 北 大 学：

故城新韵·山水川州/高钰轩　黄菖彬　杨宁宁　翁雪寒　　　　　008

故城新韵·魅力北票/吴晓娇　闫奕彤　宗　珂　　　　　　　　　034

北京建筑大学：

北票传说/吴　琪　陈开文　杨迎艺　刘香洋　曲舒羽　张皓铭　　060

沈阳建筑大学：

水韵山居·百年石城/李一丹　李孟睿　王剑尧　魏　波　　　　　086

吉林建筑大学：

白鸟衔玉·西郡赭城/王海洋　孙诗雨　孔　雪　韩　蒙　曾玉熙　朱芳阅　　112

东北大学 · 学校简介

东北大学始建于1923年4月26日，是一所具有爱国主义光荣传统的大学。1928年8月至1937年1月，著名爱国将领张学良将军兼任校长。1949年3月，在东北大学工学院和理学院（部分）的基础上成立沈阳工学院。1950年8月，定名为东北工学院，1993年3月，复名为东北大学，1997年1月原沈阳黄金学院并入东北大学，1998年9月划转为教育部直属高校。学校是国家首批"211工程"和"985工程"重点建设的高校，2017年9月，经国务院批准，进入一流大学建设行列。在近百年的办学历程中，东北大学始终坚持与国家发展和民族复兴同向同行，形成了"自强不息、知行合一"校训精神。历史上，东北大学师生曾是"一二·九"运动的主力和先锋，在建设时期，学校先后研发出国内第一台模拟电子计算机、第一台国产CT、第一块超级钢以及钒钛磁铁矿冶炼新技术、钢铁工业节能理论和技术、控轧控冷技术、混合智能优化控制技术等一大批高水平科研成果，兴办了第一个大学科学园，在技术创新、转移和产学研合作方面形成了自己的办学特色。

东北大学坐落在东北中心城市辽宁省沈阳市，在河北省秦皇岛市设有东北大学秦皇岛分校。学校占地总面积254万平方米，建筑面积180万平方米。学校现有教职工4472人，其中专任教师2688人。有中国科学院和中国工程院院士4人，海外院士4人。国家"高层次人才特殊支持计划"入选者10人，教育部"长江学者奖励计划"特聘教授、讲座教授28人，青年学者1人，国家杰出青年基金获得者22人，教育部新世纪优秀人才102人，国家"百千万人才工程"入选者14人。国家自然科学基金创新群体4个。学校设有100多个研究机构，其中国家重点实验室、国家工程（技术）研究中心等国家级科技基地10个。设有国家级协同创新中心2个，辽宁省协同创新中心3个。

东北大学是一所以工为主的多科性大学，涵盖哲学、经济学、法学、教育学、文学、理学、工学、管理学、艺术学等门类。工程学科进入ESI世界前1‰。设有68个本科专业，其中国家级特色专业15个；现有24个一级学科博士点，121个二级学科博士点，35个一级学科硕士点，182个二级学科硕士点，4个工程博士专业学位类别和15个硕士专业学位类别；有17个博士后流动站；3个一级学科国家重点学科，4个二级学科国家重点学科，1个国家重点（培育）学科，共涵盖16个二级学科。学校充分释放一流学科建设的带动辐射作用，已形成高峰引领、高原支撑、卓越促进、特色牵动、可持续发展的学科建设格局。

东北大学具备培养学士、硕士、博士和博士后的完整教育体系。学校全日制在校生46000余人，其中本科生29931人，硕士研究生12166人，博士研究生3986人。学校围绕立德树人的根本任务，在拔尖创新型人才培养、教学理念更新、教学方法研究、培养模式探索等方面取得了丰硕成果。以《东北大学一流本科教育建设实施方案》《东北大学本科卓越教育行动计划（2017-2023）》为标志人才培养改革取得重大进展，中国高校创新人才培养暨学科竞赛评估中，学生获奖总数排名全国第一总评分名列全国第七。"十二五"以来，东北大学共获得国家级教学成果奖6项，国家级精品视频公开课11门，国家级精品资源共享课程15门，国家级精品在线开放课程（慕课）24门。学生获得创新创业竞赛国际大奖574项、国家级奖励2080项、优秀创新创业项目1620项，专利426项，共有61家学生创业企业落地。学生生源质量、毕业生就业率及就业质量保持较高水平。

面向未来，东北大学将以习近平新时代中国特色社会主义思想为指导，继续遵循"教育英才"的办学宗旨，围绕办学目标和定位，坚定地走"创新型、特色化、开放式"发展道路，为建成"在中国新型工业化进程中起引领作用的'中国特色、世界一流'大学"而不懈努力。

江河建筑学院 · 学院简介

东北大学江河建筑学院成立于2013年7月，由江河创建集团股份有限公司（北京江河幕墙股份有限公司）出资赞助学院的建设。自成立以来，学院一直秉承建设"特色鲜明、优势集成、立足东北、面向全国、与东北大学综合实力相适应的国内一流研究型建筑学院"的目标，深化内涵建设，培养与时俱进、具有扎实建筑基础知识和基本技能，同时又兼具开阔的国际行业视野和丰富人文艺术修养的创新型建筑人才。

东北大学建筑系创建于1928年，是我国近代较早设立的高等建筑教育机构之一。梁思成、林徽因、童寯、陈植等我国第一代著名建筑师曾先后在此任教，培养了刘致平、刘鸿典、张镈等一批卓有成就的建筑学者和建筑大师，对中国近代建筑教育的发展作出了不可磨灭的贡献。1997年，东北大学创办城市建设系，2004年更名城市规划系；2007年恢复建筑系，下设建筑学及城市规划两个专业；2013年7月18日，东北大学江河建筑学院正式成立。目前，设建筑学和城乡规划两个五年制本科专业，具有建筑学一级学科硕士学位授予权和"生态城镇与绿色建筑"自主设置二级学科博士点。

目前，学院有教职工36人，其中博士生导师4人，教授5人，副教授9人。外聘兼职教授13人，在校学生500余人。

故城新韵 · 山水川州 ®

北 票 市 总 体 城 市 设 计
Master Urban Design of Beipiao

东北大学——第二组

方案特色

每一座城市都有着自己的发展轨迹。北票——这座充满特色的城市，代表了独立创新的时代，承载了文明的记忆；如今，迎来转型更新的浪潮，更是期待着多元的未来！

我们借助本次联合毕设的契机，激活城市的文化片段、将尘封的城市记忆重新唤起，为城市的理想抱负找到寄托；同时串联山水，以期打造"出则自然、入则繁华"的山水风光！

以期通过多方面的复兴，打造出我们心目中的北票——"涅槃之城+共生之城+印象之城"！

指导教师

崔俏老师

很荣幸能通过这次四校联合毕业设计与几所高校的老师和同学们进行深入的交流。北票市是东北地区典型的衰落转型的资源枯竭型城市之一，通过这次的总体城市设计，我们思考如何延续城市地域文脉、强化城市功能、塑造风貌特色、激发城市空间活力、提高环境品质等方面的问题，以实现城市的转型升级。在三个多月的时间里，我们团队的同学们彼此取长补短、互通有无，为五年的专业学习交上了一份圆满的答卷。各高校的成果也都精彩纷呈、特色鲜明，我们从中广受启发、收获颇丰。期望未来多校联合教学活动能够越办越好！

学生成员

高钰轩

东北大学江河建筑学院2014级城乡规划专业本科生，来自辽宁抚顺。专业学习细致认真，对于城市设计有着独到特色见解，多次获得国际及国家级专业竞赛奖项。并且通过本次对于北票城市更新设计的探索，让我对于家乡的转型更新更是充满了期待。

黄菖彬

我是东北大学（985）城乡规划专业的2014级本科的应届考生黄菖彬，本科期间我学习认真刻苦，我也具有良好的专业能力，曾在中国城乡规划设计研究院深圳分院实习等与实习。通过参加本次联合毕设，将自己在规划学习与实习中的所学应用于北票的总体城市设计，是一次强足珍贵的经历。

翁雪寒

我是东北大学（985）城乡规划专业的2014级本科的应届考生翁雪寒，喜欢唱、跳、摄影，用摄影机记录自己眼中的城市。在本科期间曾参与多项竞赛并且取得成绩，曾在广东建筑科技研究院实习等与实习。在本次北票市总体城市设计中，将自己对于各类城市的感悟付诸实践，值得回忆。

杨宁宁

来自充满魅力的海滨城市大连，是一个直爽热情的女孩。在五年的规划学习中，我们一次次认知空间、把握宏观、感悟规划的人文情怀，不断加深着对于城乡规划的认知与理解。

在此次毕业设计中，借由此次北票市总体城市设计的契机，将几年所学付诸实践；与此同时也深化了规划的专业学习。

故城新韵 · 山水川州®

北票市总体城市设计
Master Urban Design of Beipiao

背景分析

区位分析

接通京沈　毗邻港口

北票承锦铁路和京沈高铁直通北京、沈阳、大连、锦州等城市，距朝阳机场45km，距锦州港150km，区位优势突出。

形成以"铁路联系为主，城际线为网络"的一小时铁路交通圈，可达沈阳、朝阳、建平、喀左、锦州等地，并串联区域内各个重要交通节点。

北票产业结构转变

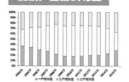

上位意见及指导

《关于促进省级以上经济开发区转型升级创新发展的实施意见》(2015)
加速经济开发区在发展理念、兴办模式、管理方式等方面的转型。经济开发区要着力打造特色和优势主导产业，提升承接产业转移的承载力，促进现代产业集群健康、快速发展。

《辽宁省人民政府关于进一步深入实施突破辽西北战略的意见》(2015)
推进基础设施建设，优化投资环境；推进现代农业和重点产业集群建设，促进经济结构战略性调整；推进生态环境保护，着力实现绿色发展；积极探索资源枯竭型城市转型发展新路子促进可持续发展；推进民生建设，提高人民生活水平。

《国务院关于近期支持东北振兴若干重大政策举措的意见》(2014)
简政放权激发市场活力，创新驱动发展，工业化与信息化融合发展、大力加强现代服务业、生产型服务业发展、加强粮食仓储和物流设施建设，推动转型发展等多方面要求。

发展沿革

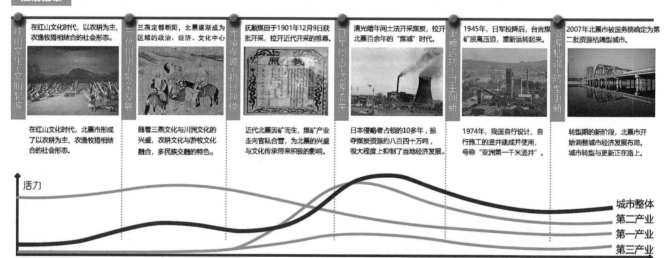

在红山文化时代，以农耕为主，农渔牧猎相结合的社会形态。

三燕定都朝阳，北票逐渐成为区域的政治、经济、文化中心。

抚顺煤田于1901年12月9日获批开采，拉开近代开采的帷幕。

清光绪年间土法开采煤炭，拉开北票百余年的"煤城"时代。

1945年，日军投降后，台吉煤矿脱离高压迫，重新运转起来。

2007年北票市被国务院确定为第二批资源枯竭型城市。

红山文化文明起源　三燕文化川州繁荣发展　近代煤城初具规模　日军侵占资源流失　重新运转自主创新　资源枯竭转型更新

在红山文化时代，北票市形成了以农耕为主，农渔牧猎相结合的社会形态。

随着三燕文化与川洲文化的兴盛，农耕文化与游牧文化融合，多民族交融的特色。

近代北票因矿产而生，煤矿产业走向官私合营，为北票的兴盛与文化传承带来积极的影响。

日本侵略者占领的10多年，掠夺煤炭资源约八百四十万吨，很大程度上抑制了当地经济发展。

1974年，我国自行设计、自行施工的竖井建成并使用，号称"亚洲第一千米竖井"。

转型期的新阶段，北票市开始调整城市经济发展布局。城市转型与更新正在路上。

活力　城市整体　第二产业　第一产业　第三产业

区域协作

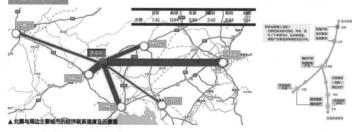

▲北票与周边主要城市的经济联系强度及示意图

发展优势

文化古迹
三燕文化在这里发祥
川州文化在这里孕育
煤城文化在这里传承

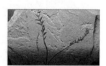

古地质资源
世界级稀缺古生物古地质资源
晚中生带热河生物群化石和地质风貌
中国的"侏罗纪公园"坐标

原生态自然
"七山一水二分田"丘陵地区
"黑山、白水"生态格局
"依山傍水"中心城区

发展目标

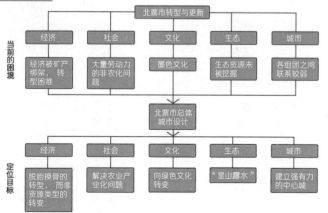

当前的困境

北票市转型与更新

经济	社会	文化	生态	城市
经济被矿产绑架，转型困难	大量劳动力的非农化问题	墨色文化	生态资源未被挖掘	各组团之间联系较弱

北票市总体城市设计

定位目标

经济	社会	文化	生态	城市
脱胎换骨的转型，而非资源类型的转变	解决农业产业化问题	向绿色文化转变	"显山露水"	建立强有力的中心城

发展机遇

京沈高速铁路：拉近时空距离、提升便捷性和可达性牵动更新、串联公服、完善人性尺度体验现代城市节奏。

辽宁县城新市镇建设：综合性城市功能培育，具有独立完善功能，疏解核心区功能，以高端制造、物流、科技研发、居住功能为主。

朝阳现代服务集聚区建设：老城聚焦文化经济、服务经济；北部聚焦科研制造商贸服务；西部新兴、未来和文化创意产业；南部旅游文化服务产业。

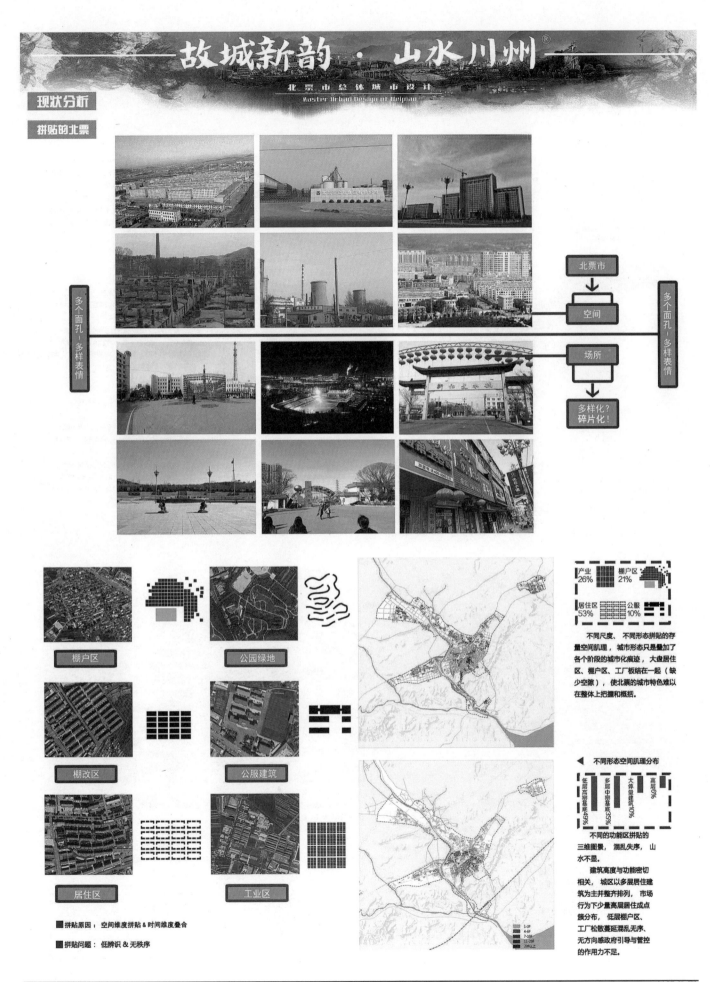

故城新韵 · 山水川州 ®

北票市总体城市设计
Master Urban Design of Beipian

多个面孔－多样表情

北票市
空间
场所
多样化？
碎片化！

多个面孔－多样表情

棚户区

公园绿地

棚改区

公服建筑

居住区

工业区

■ 拼贴原因：空间维度拼贴 & 时间维度叠合

■ 拼贴问题：低辨识 & 无秩序

产业 26%
棚户区 21%
居住区 53%
公服 10%

不同尺度、不同形态拼贴的存量空间肌理，城市形态只是叠加了各个阶段的城市化痕迹，大盘居住区、棚户区、工厂板结在一起（缺少空隙），使北票的城市特色难以在整体上把握和概括。

◀ 不同形态空间肌理分布

低层高密度基底 49%
多层中密度基底 35%
大体量建筑 10%
高层 6%

不同的功能区拼贴的三维图景，混乱失序，山水不显。

建筑高度与功能密切相关，城区以多层居住建筑为主并整齐排列，市场行为下少量高层居住成点簇分布，低层棚户区、工厂松散蔓延混乱无序、无方向感政府引导与管控的作用力不足。

现状分析

拼贴的北票

上城
工业 1.5

上城
城镇 2.0

下城
生态 0.5

旧村、新园
低品质松散蔓延
旧厂新园混乱无序

老镇、新区、旧厂
棚改、工业搬迁初见，
成效但任待完善
滨河界面单一，居住
建筑为主

山水、旧厂
自然资源丰富，工业、
村落沿路自然生长

发现问题： 非同步增长形成的明显的进化代差，
传统与现代杂陈，先进与落后并存，
城市形象是什么？

分割的北票

商业公服

公共服务水平暴露出规模不足、品质低端、
体系缺失等问题，难承担转型服务需求。其中商
业金融类设施主要分布在老城区，品质待提升，
分布失衡。

公共服务类设施整体密度较低，基本能满足
现状城市生活需求，但针对城市转型的目标，密
度与水准需进一步提高。

公园广场

开放空间与城市生活关联度、开放度低，已
开发段落活动空间单调、设施缺乏，导致吸引力
不足。

整体来说，绿化景观类公共空间种类单一、
体系缺乏，且分布不均，北部地区缺口较大。
普遍活力感不足。社区级公共空间数量少，步行
可达范围覆盖有限。

街道空间

开放空间与城市生活关联度、开放度低，
已开发段落活动空间单调、设施缺乏，导致吸
引力不足。

整体来说，绿化景观类公共空间种类单一、
体系缺乏，且分布不均，北部地区缺口较大。
普遍活力感不足。社区级公共空间数量少，步
行可达范围覆盖有限。

分割的北票

三面山、5 条河
流、4 座桥梁。山
围城外；河谷隐城，
局部显形。

单侧或双侧
为开放式绿道

部分水岸成为消极空间

从城中村穿过
相对封闭

水系踪迹不可寻

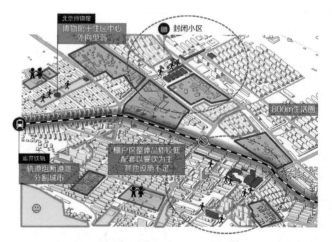

城市工业孔家的
扩张，造成工业包围
城镇，切割城镇。
自然与城市相互分
割；历史遗留致城市
内部阻隔。

功能单元间缺少联系、品质低下；生活圈之间、空间隔离、社会隔离、
空地阻隔、轨道分割、封闭小边缘绿化。

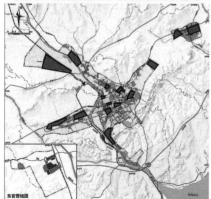

北票组团间尺度与北京中心尺度进行对比。北票市
作为一座县级市，中心感弱，匹配度低。

发现问题：
多重分割相互作用，
结构在哪里？

故城新韵 · 山水川州®

北票市总体城市设计
Master Urban Design of Beipiao

生成设计任务

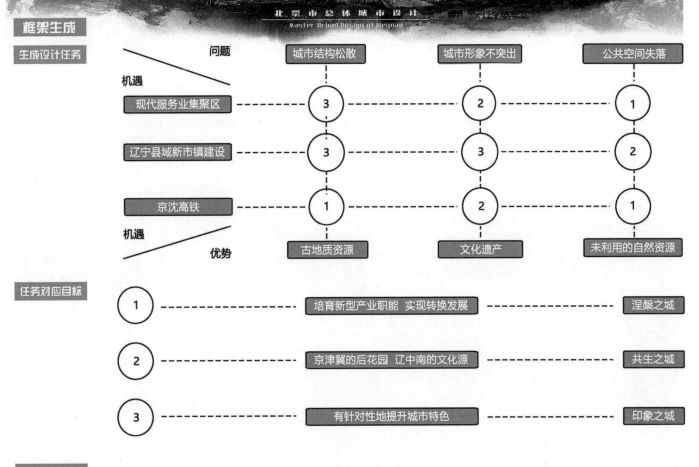

问题: 城市结构松散 | 城市形象不突出 | 公共空间失落

机遇

机遇	城市结构松散	城市形象不突出	公共空间失落
现代服务业集聚区	3	2	1
辽宁县域新市镇建设	3	3	2
京沈高铁	1	2	1

机遇 / 优势: 古地质资源 | 文化遗产 | 未利用的自然资源

任务对应目标

- 1 —— 培育新型产业职能 实现转换发展 —— 涅槃之城
- 2 —— 京津冀的后花园 辽中南的文化源 —— 共生之城
- 3 —— 有针对性地提升城市特色 —— 印象之城

策略框架

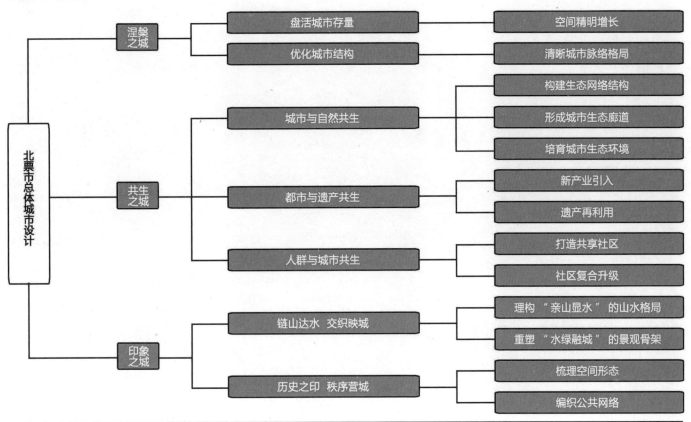

北票市总体城市设计

- 涅槃之城
  - 盘活城市存量 — 空间精明增长
  - 优化城市结构 — 清晰城市脉络格局
- 共生之城
  - 城市与自然共生
    - 构建生态网络结构
    - 形成城市生态廊道
    - 培育城市生态环境
  - 都市与遗产共生
    - 新产业引入
    - 遗产再利用
  - 人群与城市共生
    - 打造共享社区
    - 社区复合升级
- 印象之城
  - 链山达水 交织映城
    - 理构"亲山显水"的山水格局
    - 重塑"水绿融城"的景观骨架
  - 历史之印 秩序营城
    - 梳理空间形态
    - 编织公共网络

多年以来，北票以"煤城"的身份存在于人们的印象之中，让人们逐渐忽略了"花的盛开、鸟的腾飞"的生命起源底蕴，忽略了三燕文化曾在这里发祥、川洲文化曾在这里孕育，更忘记了这座城市生长于自然之中，这是北票这座城市的遗憾。

随着资源枯竭型城市转型更新浪潮的到来，北票迎来了新的机遇。通过对这座城市的剖析，我们感受到了"变化的北票、拼贴的北票、分割的北票、等待的北票和变化中的北票"。因此，基于北票的渴望与我们内心的感受，规划打造"涅槃之城、共生之城、印象之城，'展现北票'出则自然，入则繁华"的川洲新韵，从而使北票在转型更新的浪潮中"长风破浪会有时，直挂云帆济沧海"！

白石水库
Baishi Reservoir

盘活城市存量

空间精明增长

城镇化大潮下，城市无序扩张现象明显

20世纪90年代中期开始我国农村人口大量涌入城市，需求开启了城镇建设的高速扩张时代。 但高速正成了城市发展的负面影响，由于城市的无序扩张，城乡关系失去平衡，多数城市在扩张的同时忽略了基础配套，岗位供给等城市需求的供给，造成人口流失，土地低效率开发，经济衰退，设施浪费等一系列问题。 进而，老的增长点失去发展活力，新的增长点没有空间进行发展。

人口正在缩减，城市建设用地扩张仍在继续

北票近年来人口正向外输出，人口老龄化加剧，但城市建设用地依然在扩张，许多开发地产用地已经出现烂尾情况许久却仍然有新的开发项目启动。

研究范围

包括城关、南山、冠山、桥北、双河、台吉、三宝7个管理区和台吉镇及五间房镇、三宝乡、东官营镇、凉水河乡的城镇建设部分区域，总面积约59.20平方公里。

规划范围

保留《北票市城市总体规划（2016-2030)》中规划范围的主体部分，但将东官营组团划出规划范围。主要原因为其与主城较远，联系不强且组团功能单一，不成系统。

人口涌入
↓
城镇用地需求猛增
↓
无序扩张
↓
土地效率低下，设施浪费
↓
人口流失
↓
城市衰退

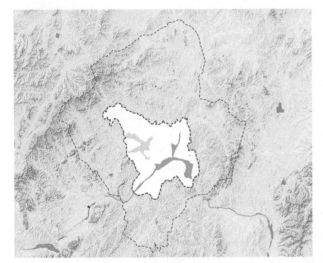

理论	路径
化整为零	土地整备，统筹开发
空间重构	塑造结构，整合用地
管理优化	集体资产管理创新，集体用地流转
旧区改造	加强推进旧区改造，因地制宜进行创新

分类处理	城市优化织补	生态填补修复	产业承接升级
	强调集聚 顺应城市化	开源节流 优化管理	迁改并留 转型升级

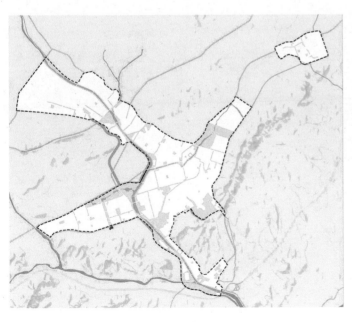

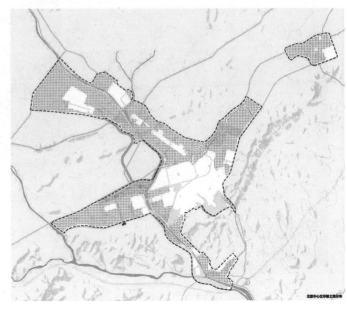

北票中心区存量土地分布

盘活城市存量

空间精明增长

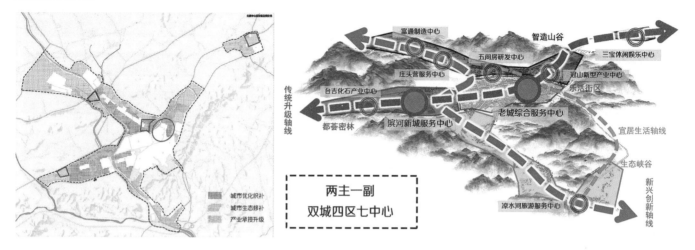

两主一副
双城四区七中心

城市总体鸟瞰图

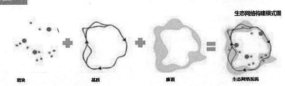

北票市总体城市设计
Master Urban Design of Beipiao

共生之城

构网络

北票市生态网络构建图

生态网络构建模式图

斑块 + 基质 + 廊道 = 生态网络系统

一区·一轴·多廊·多节点
城内营造鸟类栖息地，城外保护天鹅栖息地
一区：白石水库自然保护区，保护区内自然资源和物种多样性，减少周边建设，维护区域生态系统平衡
一轴：依凉水河形成的生态轴，主导功能为生态经济发展与泄洪调蓄
多廊：沿城内主要干流建设一级生态廊道，以及以绿化带形成的二级生态廊道
多节点：依托水系交汇处的滞水湿地以及主题公园，打造集生态、休闲、人与自然交融的多功能节点

通廊道

生态轴：东官河生态轴，柔化岸线取缔现在"一刀切"模式岸线，生态轴控制出一定宽度的生态廊道缓冲区，作为重要的动物迁徙通道、防洪排涝廊道或游憩廊道。
一级廊道：依托主要河段建设，单侧缓冲区宽度在100米以上，总体廊道宽度在200米以上，作为重要的动物迁徙通道、防洪排涝廊道或游憩廊道。
二级廊道：依托公园绿地，总体廊道宽度控制在30米以上，作为重要的休闲廊道、城市游憩廊道。
廊道缓冲带绿化种植：
针对规划区内的生态轴及一级生态廊道，需满足防洪排涝、动物迁徙等多种功能，在进行缓冲带绿化配植时应乔、灌、草多层次搭配进行；二级廊道大多分布在城区内部，建议绿化配置以地被及乔木为主，最大程度过滤污染物，减少面源污染。

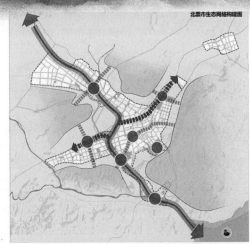

不同植被类型对缓冲带作用的影响参考表

作用	草地	灌木	乔木
稳固河岸	低	高	中
过滤沉定物、营养物质、杀虫剂	高	低	中
过滤地表径流中的营养物质、杀虫剂和微生物	高	低	中
保护地下水和饮用水的供给	低	中	高
改善水生生物栖息地	低	中	高
抵制洪水	低	中	高

岸线改造示意图

通廊道

生态廊道宽度及作用

廊道类型	廊道宽度	作用
生态轴	≥1km	动物迁徙、防洪排涝、游憩
一级廊道	≥200m	动物迁徙、防洪排涝、游憩
二级廊道	≥80m	排涝、游憩

不太宽度廊道宽度生态作用

控制宽度	说明
<12m	廊道宽度与物种多样性之间相关性接近于零
15-30m	河流及两侧植被有效降低环境温度5-10℃，增强低级河流岸线稳定性。草本植物多样性为狭窄地带两倍以上
50-80m	几种林内鸟类物种所需最小生境宽度，满足动植物迁徙传播
150m	保护生物多样性合适宽度，保护鸟类种群
300m	较高的多样性和林内种，满足生物多样性的保护功能

河流、湖泊、湿地及公园绿地保护：湿地及公园为规划区内鸟类主要栖息地
规划区内候鸟、旅居鸟较多，鸟类栖息地以湿地及废弃工业区为主，规划将白石水库湿地、东官河、新建竖井公园、热电公园设为主要生物源地；
水体污染防治：完善生活污水、工业污水等处理，减少面源污染，实行湖、河、湿地同治，保证污水零排放；
滨水开发控制：严格控制河流、湿地及周边地区开发建设，可按照规定在距离湿地不同范围内开展相应强度的游憩活动，尽量减少因人类活动对生物栖息地的破坏；
原工业区改造：对原有工业区进行生态改造，设立鸟类活动区域增补鸟类食物链，构建鸟类栖息场所。
合理植被种植及土地整备：以耐旱的乡土植被为主
北票市土壤可分为棕壤类、褐土类、草甸土类三大土类，其主要特点是通气透水性较好，呈现出水热条件较好，土壤肥力较高的特点；
合理植被种植：植被类型选择时优先以乡土植物为主，由于土壤通透性差，且容易积水，建议选择耐涝植被进行种植，如：柳、杨树、侧柏、楸树等；
土壤改良：土壤通透性差，有机质含量低，在进行植被种植时可通过增施有机肥、滴灌灌溉等方式对土壤进行改良。

都市与遗产共生

共生路径

在现有社区单元的基础上利用更新契机，粘合形成以人为尺度的15分钟生活圈。

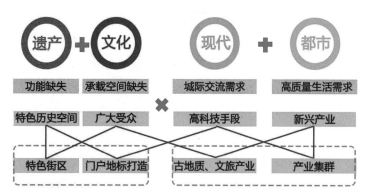

遗产 + 文化   现代 + 都市

| 功能缺失 | 承载空间缺失 | 城际交流需求 | 高质量生活需求 |

| 特色历史空间 | 广大受众 | 高科技手段 | 新兴产业 |

| 特色街区 | 门户地标打造 | 古地质、文旅产业 | 产业集群 |

遗产再利用   新产业引入

遗产再利用

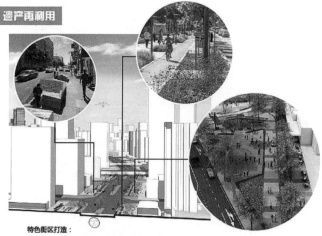

特色街区打造：
以"品质提升与文化导入"为手段，建设"一路一景、历史遗产商业化现代化"的特色城市街道景观。

遗产再利用

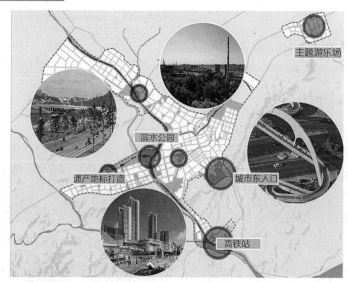

主题游乐场
滨水公园
遗产地标打造
城市东入口
高铁站

特色街区打造：
利用历史遗产元素塑造特色城市门户形象；集聚文化商业公共设施，打造特色鲜明、多元复合的城市中心。

新产业引入

产业集聚 古地质产业中心 生态旅游服务中心 文旅产业组团 特色物流商贸区
产业功能集群转型城市 优势资源产业化 优势产业平台化专业化产业集群中心
产业提升路径 打造城市品牌影响力 保证服务业的强大支撑
发展旅游业提升城市知名度及城建水平

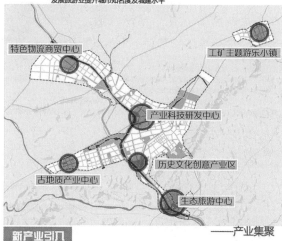

特色物流商贸中心
工矿主题游乐小镇
产业科技研发中心
历史文化创意产业区
古地质产业中心
生态旅游中心

——产业集聚

新产业引入

重点片区 聚焦商贸服务、新兴未来和文化创意产业，并且满足不同空间环境品质要求
区域性服务中心 龙鸟文化走廊 古果文化走廊 化石学研片区 化石文化小镇

古地质学研中心
化石主题生态公园
化石文化小镇
古地质资源总部中心
化石创意园区

——古地质资源产业

新产业引入

文旅产业——非物质文化遗产
民间故事——游憩文化廊 北票剪纸——艺术街、城市装饰
龙潭粉丝——特色品牌 民间石雕——艺术街、城市景观
文旅产业——特色文化
三燕文化——文化商业街 红山文化——文化商业街 工矿文化——主题旅游区

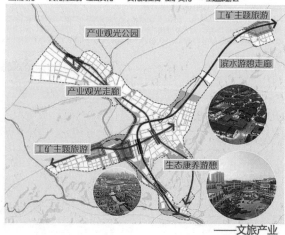

产业观光公园
工矿主题旅游
滨水游憩走廊
产业观光走廊
工矿主题旅游
生态康养游憩

——文旅产业

人群与城市共生

活力中心功能组织

城市中心
混合使用的居住就业中心(大型零售商务功能、室内外体育设施、会议中心、酒店、娱乐中心、剧院、中心医院、大学、大型公园/广场)

片区中心
就业和零售中心(商务功能、大型超市、零售店、电影院、娱乐和体育设施、服务中心、中学、地区医院、片区公园)

新产业引入

 商业
 文化
 绿色
 交通

日常活动	偶然活动	经常活动	必需活动
餐饮、零售、休闲服务设施	休闲娱乐场所、历史文化遗迹	公园、绿地、广场、步道	慢行设施、公交、停车设施

多样的社区联系与空间组织

以社区为城市单元、公共服务系统为组织机制,通过河道、绿道、公共服务带等串联各种尺度的公共生活场所,促进形成个人意象、领域感和归属感。
在现有社区单元的基础上利用更新契机,粘合形成以人为尺度的15分钟生活圈。

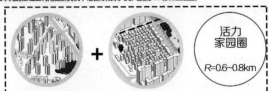

品质住区 + 棚户区 → 活力家园圈 R=0.6~0.8km

现代高新园区 + 棚户区 → 生活居住圈 R=0.8~1.2km

封闭工业区 + 棚户区 → 智造通勤圈 R=0.8~1.5km

棚户区 + 无门禁工业区 → 科技创新圈 R=0.8~1.2km

共生空间布局

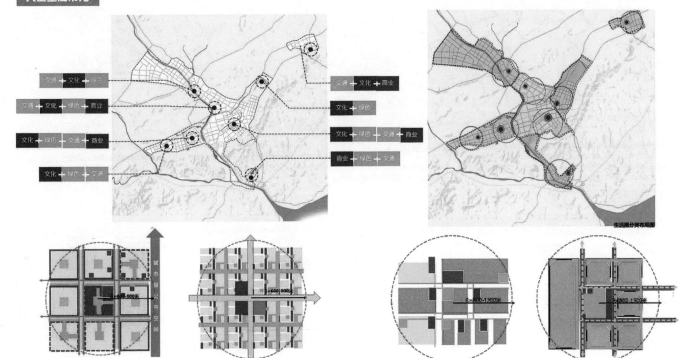

交通+文化+绿色
交通+文化+绿色+商业
文化+绿色+交通+商业
文化+绿色+交通

交通+文化+商业
文化+绿色
文化+绿色+交通+商业
商业+绿色+交通

生活圈分类布局图

故城新韵 · 山水川州

北票市总体城市设计
Master Urban Design of Beipiao

链山达水 交织映城

理构亲山显水的山水格局

 亲山　　 显水

破解山城壁垒　→　激活山城互动

复兴缤纷水岸　→　彰显河谷连城

山水为脉　打造生态城市名片

重塑水绿融城的景观骨架

 廊带　　 节点

休闲纽带+景观绿带

生态渗透走廊+城市活力走廊

景观核心+风貌节点

复兴缤纷水岸 彰显河谷连城

交流客厅　社区水街　缤纷水岸　生态水廊

4.5m 步行道+自行车道

12m 步行道+自行车道+绿化带

20m 步行道+自行车道+绿化带+娱乐休闲空间

梳理水系，突显"十"字河谷空间，强化生态恢复，植物景观提升，丰富滨水廊道，打造缤纷水岸、社区水街、交流客厅、生态水廊四类水岸空间，进水同时联系邻里，串联城市，形成规模化的自然系统。
并且保证河岸两侧空间的连续性，恢复山水廊道。

破解山城壁垒 激活山城互动

选取山城开发节点，增加边界开放空间入口数量，打破山体与城市的消极边界。并以此为空间枢纽，打造环城生态廊道，修复生态屏障。

综合考虑山与城的空间距离、现状可达性等要素，进行山城空间关系分类：偎城、邻城、离城。

基于分类，进行节点的空间塑造与文化导入，提升空间品质，增强自然山体与城市生活的关联度。

偎山：以南山公园为开发样板，打造北票特色的山地休闲娱乐空间。并借助娱乐氛围承办相应活动，提升空间活力。

邻山：利用山体与城市的隔离空间，进行生态恢复，打造城市生态涵养示范区，构筑城市生态高地，并且通过生物物种引入，丰富生态系统，延续"鸟的腾飞、花的盛开"的生命脉络，展现城市文化底蕴。

离山：基于城市功能分区，以生态涵养示范为基础，以教育为主题植入相关娱乐活动，通过寓教于乐，丰富山城边界类型，为边界空间引入多元活力。

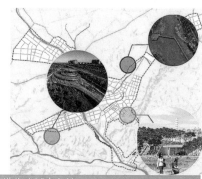

外围生态廊道，内部河谷连城，内外合理，构建稳定的山水骨架，打造生态城市名片

重塑水绿融城的景观骨架

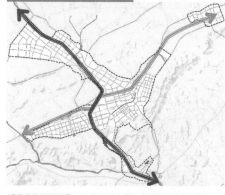

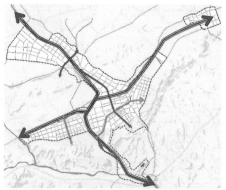

1条复合景观休闲纽带：以东官河为空间载体，形成集聚生态与地化特征的"智造绿谷、产城共促、生态都市、山水掩城"的四大景观主题段落；
1条滨水景观绿带：梳理东官河支流，进行景观提升与文化氛围培养，并根据城市功能，打造多样化的滨水绿带风貌。

2条复合景观休闲纽带：以东官河为空间载体，形成集聚生态与地化特征的"智造绿谷、产城共促、生态都市、山水掩城"的四大景观主题段落；
2条滨水景观绿带：梳理东官河支流，进行景观提升与文化氛围培养，并根据城市功能，打造多样化的滨水绿带风貌。

5个特色景观核心：以山水、廊道进行复合叠加，串联特色风貌核心；利用生态、景观、交通、设施、小品等多维度展现城市风貌；
多处风貌节点：围绕特色景观核心，打造景观风貌节点，凸显片区的风貌特色。

历史之印 秩序营城

梳理空间形态

引导　+　塑造

肌理引导——可阅读 可识别

高度引导——山水节点历史全城

形态塑造——三城四态

编织公共网络

服务　+　活力

外部——活力绿道

内部——活力地图

历史为底　勾画合理有序的城市形态

梳理空间形态——肌理引导

1 城市核心肌理区 <200m
2 科创新肌理区 <200m
3 城市生活肌理区 <200m
4 自然建设肌理区 D>400m
5 智造工业肌理区 D>400m

5种城市肌理：以5种典型城市肌理重组整合，形成易于整体把握、可阅读、可识别的城市肌理。

历史之印 秩序营城

梳理空间形态——高度引导

引导目的	地理环境特色 保护与展示	城市内部景观 梳理与组织	历史文化特色 保护与延续	城市整体形态 控制与协调
眺望类型	看山水	看节点	看历史	看全城
眺望对象	背景景观山脉 城中景观水系	城市中心 片区中心	工矿遗址 火车站旧址 废弃铁路	城市建设与山水关系 天际线景观

梳理空间形态——高度引导

看山水、看历史——高度严格控制区　　看节点——高度引导建设区　　看节点——高度引导建设区　　看全城——高度重点关注区

梳理空间形态——形态塑造

  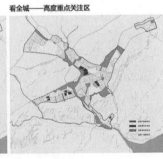

智造山谷　　产业碰　　砖语暖　　乐活街区　　都荟密林　　生态峡谷

三城四态：
　　基于独特的地理条件和存量基质、产业发展要素，营造差异化"园、城、景"三城形态；并以功能分区为基础，打造"智造山谷、都荟密林、乐活街区、生态峡谷"四类城市风貌。

北票市总体城市设计
Master Urban Design of Beipiao

历史之印 秩序营城

梳理空间形态——形态塑造

	开放空间	路网肌理	地标形态	背景建筑	建筑群形态	区位关系
智造山谷	点状开放空间		大型开放空间	条形厂房		
都荟密林	带状广场		地标建筑	高层建筑		
乐活街区	口袋公园		功能混合建筑	多层居住		
生态峡谷	面状开放空间		绿色建筑	底层生态建筑		

塑造公共网络——外部 活力绿道

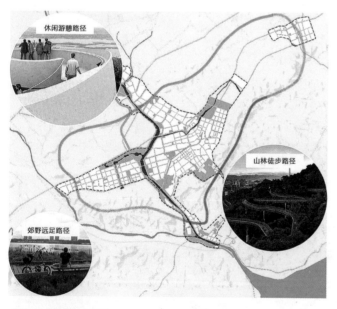

休闲游憩路径

山林徒步路径

郊野远足路径

发展外部多层次郊野绿道路径体系

山林徒步路径
　强调与城市核心景观资源的密切联系，可采用局部高架或观景台的形式，为主要的山城融合空间；

郊野远足路径
　重点衔接，一方面增加与城市景观的互动，另一方面为休闲游憩路径营造氛围；

休闲游憩路径
　加强绿道自身主题打造，作为城市绿道的补充，还应重视服务设施的配置，并且增强安全性与辨识度。

塑造公共网络——内部 活力地图

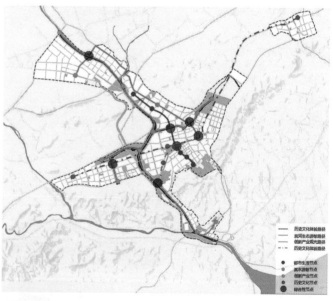

　历史文化体验路径
　滨河生态游憩路径
　创新产业观光路径
　历史文化体验路径
● 都市生活节点
● 滨水游憩节点
● 创新产业节点
● 历史文化节点
● 综合性节点

发展内部多主题游憩体验路径

都市文化休闲路径
以都市文化休闲为主题，串联各类城市功能与开放空间；
滨河生态游憩路径
以生态游憩为主题，沿"十"字河谷空间，串联沿河的公共节点，打造"古果"与"龙鸟"特色游憩路径；
创新产业观光路径
以北票的创新智造产业观光为主题，串联核心产业园区；
历史文化体验路径
重点参观北票的工矿遗迹、化石古迹；另外，基于铁路遗存，打造特色铁轨游览路径，游览沿途风光与公共活动节点。

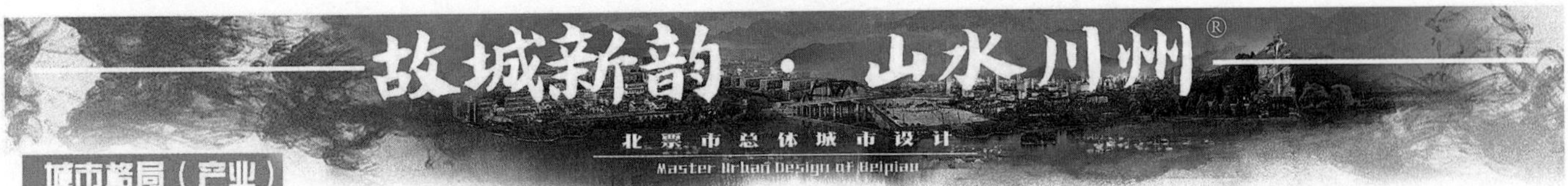
故城新韵·山水川州®
北票市总体城市设计
Master Urban Design of Beipiao

城市格局（产业）

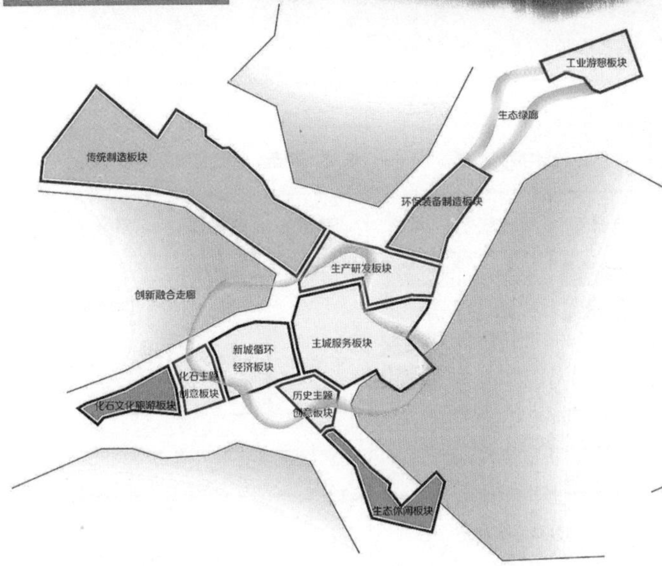
工业游憩板块
生态绿廊
传统制造板块
环保装备制造板块
生产研发板块
创新融合走廊
主城服务板块
新城循环经济板块
化石主题创意板块
化石文化旅游板块
历史主题创意板块
生态休闲板块

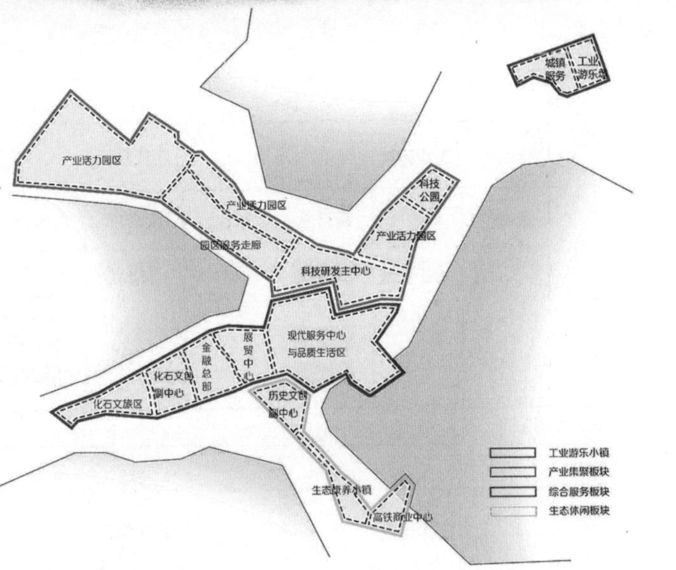
城镇服务
工业游乐
产业活力园区
产业活力园区
科技公园
产业活力园区
园区服务走廊
科技研发主中心
现代服务中心与品质生活区
展贸中心
金融总部
化石文旅副中心
化石文旅区
历史文化副中心
生态康养小镇
高铁商业中心
工业游乐小镇
产业集聚板块
综合服务板块
生态休闲板块

基于三宝区位与现状基础，规划定位三宝发展工业文化旅游产业，打造工业游憩小镇，空间上以离城绿带进行串联，通过生态景观灯渗透，辅以交通联系，与中心城区一体化发展；城区部分则充分利用产业发展的价值链理论，通过产业链各环节的空间偏好性进行产业空间布局，同时借助产业链各环节的功能上的紧密联系，从而创建产业空间的关联，实现产城一体化发展。

空间形态（高度）

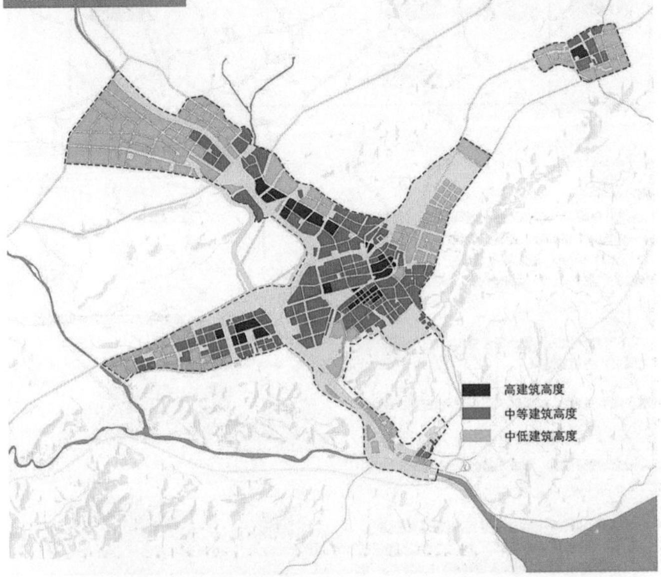
高建筑高度
中等建筑高度
中低建筑高度

规划区建筑高度以用地开发强度和城市设计为依据，对地块建筑高度进行控制，建设中建筑高度应符合控制指标要求以获得理想的城市规模和良好的景观风貌。

具体内容如下：规划区工业用地建筑高度控制在 24 米以下，北票新城中心区区域建筑高度控制在 50 米以上；其他区域按照城市设计要求具体设计。总体形态上规划区总体上呈现出组团中心区高向两侧递减的形态。再依据景观廊道和天际线规划适当调整。

空间形态（开发强度）

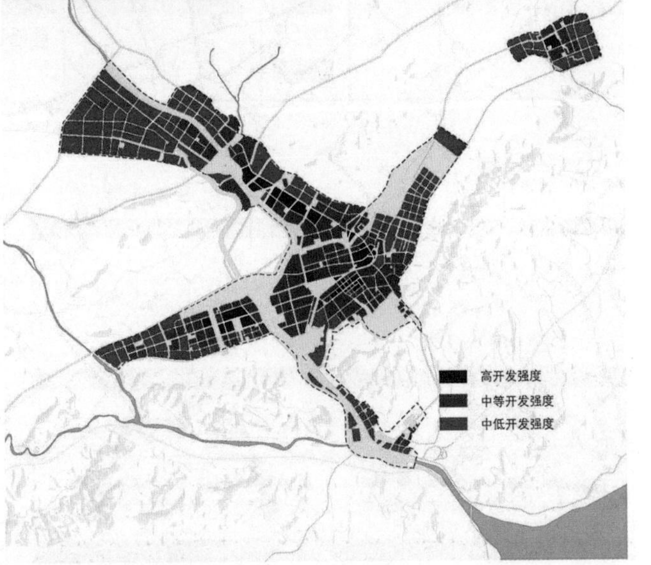
高开发强度
中等开发强度
中低开发强度

规划区开发强度控制现状用地功能基础为依据，采用集约利用的开发方式，提高土地利用效率，提高公共交通分担率。具体规划内容如下：规划三级强度开发。高强度开发主要集中老城区商业服务区，台吉组图中心，五间房片区。高铁站南部生态条件优越，土地生态敏感性高，规划围绕站点生态适应性开发，充分保护站点周边环境

街道空间

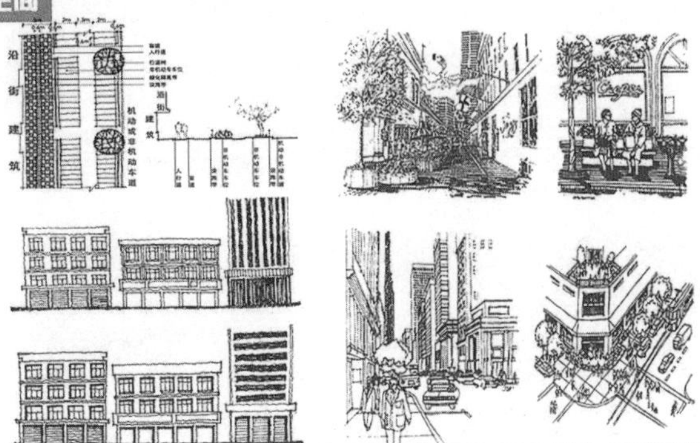
沿
街
建
筑

人行道：从该路段现状分析来看，其人行道最大的问题就在与狭窄人行空间与路面杂乱无章的非机动车（自行车、助动车）停靠点以及人流动线三者间的冲突。在问题解决的过程中应该在一定的服务半径内选取这一路段中人行道面积相对充裕的部分，用作非机动车的集中停靠，以达到化零整取的效果。

广场：开敞的空间里，大体量建筑视线的穿透力较大，所以在保障功能的前提下建筑直接影响街道形象。在解决这样生硬场景问题时，通常通过细节的色彩变化，加强其空间的生活性。

建筑立面：建筑沿街立面在确保风格统一的前提下，鼓励多样的建筑立面，并且通过设计来实现新老建筑统一。

商业街入口处：商业街出口处，增设绿化来为商业街增添人气.

风貌控制

色彩

	建筑									环境艺术		
	工作建筑			居住建筑			公共服务建筑			铺地、雕塑、市政设施、环境小品		
	基调色	配合色	点缀色	基调色	配合色	点缀色	基调色	配合色	点缀色	基调色	配合色	点缀色
北票新城区	▫	▪	▪	▫	▪	▪	▪	▫	▪	▫	▪	▪

	建筑									环境艺术		
	工作建筑			居住建筑			公共服务建筑					
	基调色	配合色	点缀色	基调色	配合色	点缀色	基调色	配合色	点缀色	基调色	配合色	点缀色
北票老城区	▫	▪	▪	▫	▪	▪	▫	▫	▪	▫	▪	▪

公共生活空间

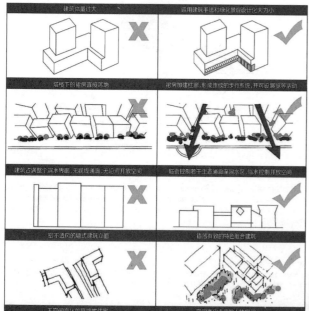

- 建筑体量过大 ✗
- 运用建筑手法和绿化景观设计化大为小 ✓
- 塔房下的裙房直接落地 ✗
- 裙房加建柱廊，形成连续的步行系统，并可设展览等活动 ✓
- 建筑占满整个滨水界面，无视线通廊，无沿河开放空间 ✗
- 临街控制若干生态通廊至滨水区，给水控制开放空间 ✓
- 即不透风的墙式建筑立面 ✗
- 错落有致的特色组合建筑 ✓
- 无空间变化的联排式住宅 ✗
- 空间变化丰富的人性空间 ✓

天际线

目标：保护并体现自然山体脉络，营造人工与自然有机结合，具有山水城市特色的城市天际线；突出城市意象，彰显城市特色，形成坡市的象征；营造具有韵律的丰富的动感的城市天际线系统，体现城市景观轮廓特征；

策略：城市主要界面的天际线与背景山体的关系采取顺应山体及保护山体的策略；

一控制重要建筑高度，保证建筑天际线顺应自然山体轮廓依据山体脉络形态；

二要选择适当的制高点，形成丰富的、有韵律的城市天际线；

严格控制垂直于山体等高线的道路的沿线建筑天际线，采取傍山低层、依水高层的策略。如：滨河路靠近水体，远离山体的部分建筑层数可以控制在10以下。山体附近山体的建筑层数控制在1～4层；高层天际线呈序列、集中布置，主要参照重点标志物天际线特征。

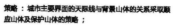
重叠于山体等高线道路沿天际线控制示意图
高 / 低 / 山体 / 水

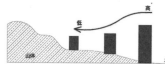

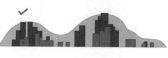
山水城市天际线与背景的关系示意图

台吉大街天际线

千米竖井 新政府大楼 台吉大街

滨河路城市天际线

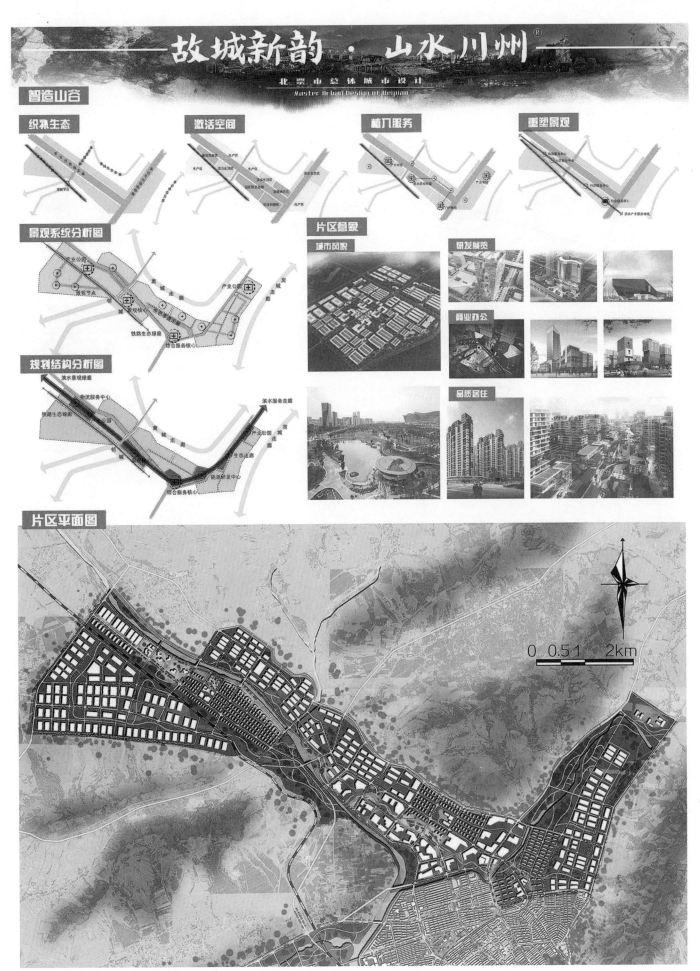

故城新韵 · 山水川州 ®

北票市总体城市设计
Master Urban Design of Beipiao

智造山谷

织承生态

激活空间

植入服务

重塑景观

景观系统分析图

规划结构分析图

片区意象

城市风貌

研发展览

商业办公

品质居住

片区平面图

0 0.5 1 2km

故城新韵 · 山水川州®

北 票 市 总 体 城 市 设 计
Master Urban Design of Beipiao

智造山谷

景观系统分析图

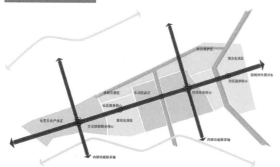

规划结构分析图

片区意象

工业遗址改造

生态湿地公园

城市地标节点

城市整体风貌

片区平面图

0   0.5   1   2km

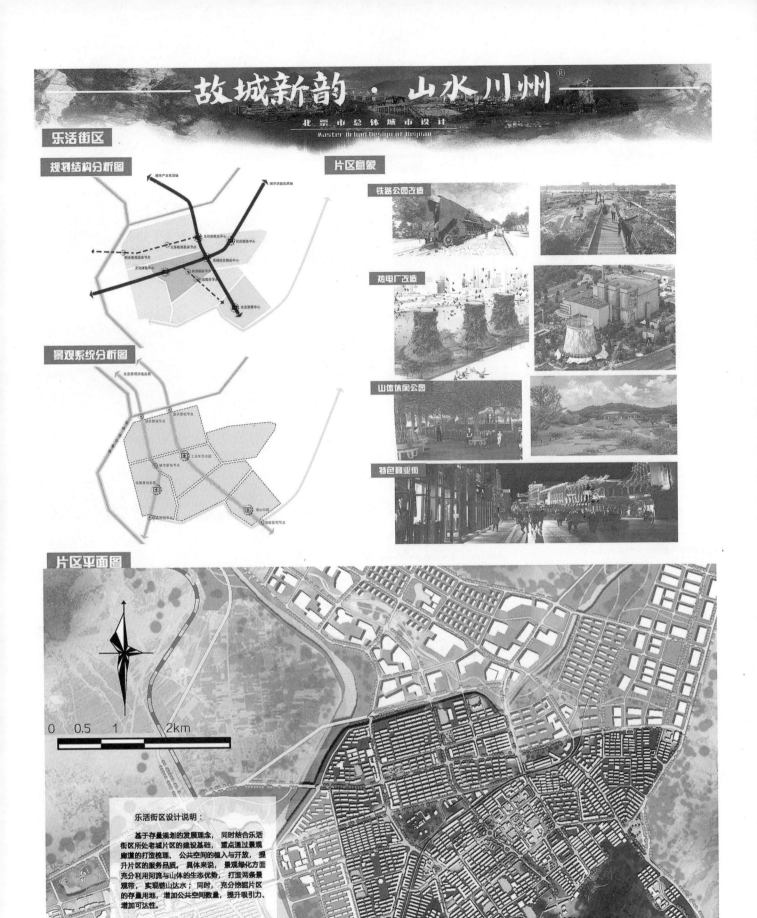

故城新韵 · 山水川州

北票市总体城市设计
Master Urban Design of Beipiao

乐活街区

规划结构分析图

景观系统分析图

片区意象

铁路公园改造

热电厂改造

山体休闲公园

特色商业街

片区平面图

0 0.5 1 2km

乐活街区设计说明：

　　基于存量规划的发展理念，同时结合乐活街区所处老城片区的建设基础，重点通过景观廊道的打造梳理、公共空间的植入与开放，提升片区的服务品质。具体来说，景观绿化方面充分利用河流与山体的生态优势，打造两条景观带，实现蜿蜒山达水；同时，充分挖掘片区的存量用地，增加公共空间数量，提升吸引力、增加可达性。

北票市总体城市设计　Master Urban Design of Beipiao

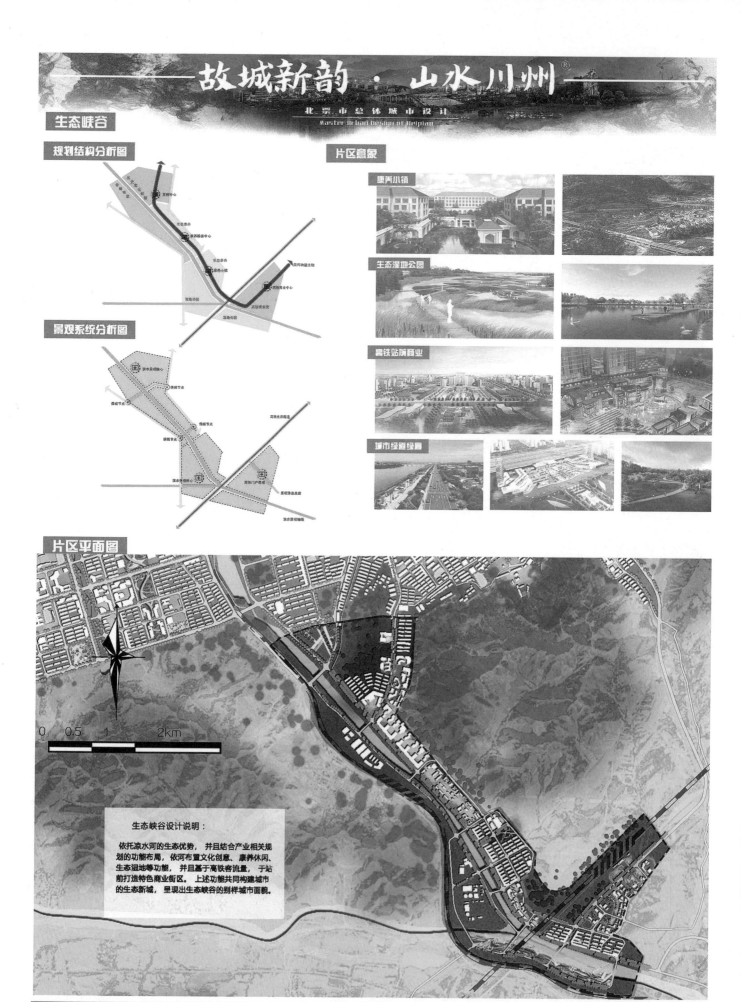

故城新韵 · 山水川州®

北票市总体城市设计
Master Urban Design of Beipiao

生态峡谷

规划结构分析图

景观系统分析图

片区意象

康秀小镇

生态湿地公园

高铁站前商业

城市绿道绿廊

片区平面图

0 0.5 1   2km

生态峡谷设计说明：

　　依托凉水河的生态优势，并且结合产业相关规划的功能布局，依河布置文化创意、康养休闲、生态湿地等功能，并且基于高铁客流量，于站前打造特色商业街区。上述功能共同构建城市的生态新城，呈现出生态峡谷的别样城市面貌。

热电厂改造

平面图

设计说明

地段概况：北票热电厂改造项目是北票重要的文化生态节点，同时也是新城发展的重要辐射点。通过文化和生态功能的集聚营造新城活力中心。该地段位于建设路和老铁路相交路口北侧的区域。规划面积为33.5公顷。

主题定位：城市文化中心、城市重要生态节点、新城活力点

功能构成：广场、展馆、展销会、生态公园、游乐场等

文化设施配置：（1）根据上位规划及地方需求，改造原有热电厂为生态公园，在该地块内新增规划馆、博物馆、活动中心园等文化设施，构成北票新城发展核心。（2）各类文化设施相对集中，提高各类人群文化体验的便利性

生态公园设计：该公园承担着重要生态鸟类保护基地，同时也是老城最重要的休憩节点。

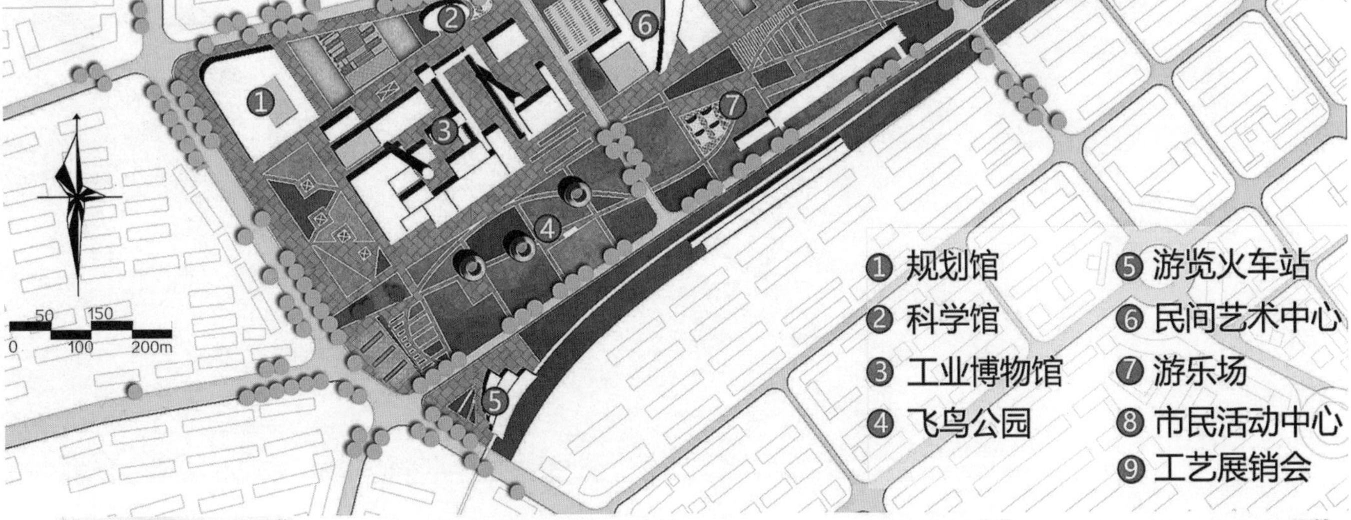

50 150
0 100 200m

① 规划馆   ⑤ 游览火车站
② 科学馆   ⑥ 民间艺术中心
③ 工业博物馆   ⑦ 游乐场
④ 飞鸟公园   ⑧ 市民活动中心
              ⑨ 工艺展销会

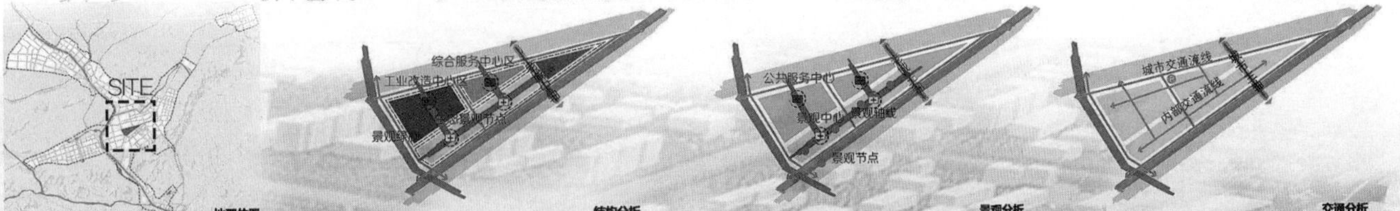

地理位置   结构分析   景观分析   交通分析

鸟瞰图

高铁站前设计

平面图

① 北票站	⑤ 教育培训
② 商务酒店	⑥ 商业街
③ 游客接待中心	⑦ 商务办公
④ 商业综合	⑧ 商贸市场

地理位置

结构分析　　　景观分析　　　交通分析

鸟瞰图

设计说明

地段概况：北票高铁站地段是北票最重要的对外交通枢纽，火车站前广场在承担人车流疏散的功能的同时承载着城镇居民的日常游憩功能。该地段位于北票市城区偏南部，城市设计范围为35.5公顷。

主题定位：北票商业节点、展示城市形象的核心区。

功能构成：广场、商业区、停车。

火车站前设计：针对火车站前广场的现状问题，此次设计的主要内容包括（1）增加绿化面积，丰富广场空间层次，营造宜人的活动空间；（2）注重园艺、市政设施的景观设计，提升广场的视觉形象，将其打造为向外界人群展示城市形象的重要窗口；（3）在广场中心位置设置标志物作为广场的视觉焦点，该标志物应突出体现北票城市形象；（4）填充广场两侧界面，为广场创造适宜的人行尺度；（5）在广场的两侧设置停车场，将车流控制与广场外围，解决静态交通的同时保证行人的安全性与舒适性。

商业区设计：（1）保证商业区内各商业组团的联系性，促进规模经济。各类型商业的集聚有利于地段商业氛围的形成，进而提升活力；（2）基于广场良好的步行环境，将人行交通向东西两侧延伸，形成该片区重要的商业步行街，通过绿化、铺装、设施等配置营造良好的商业区体验环境。

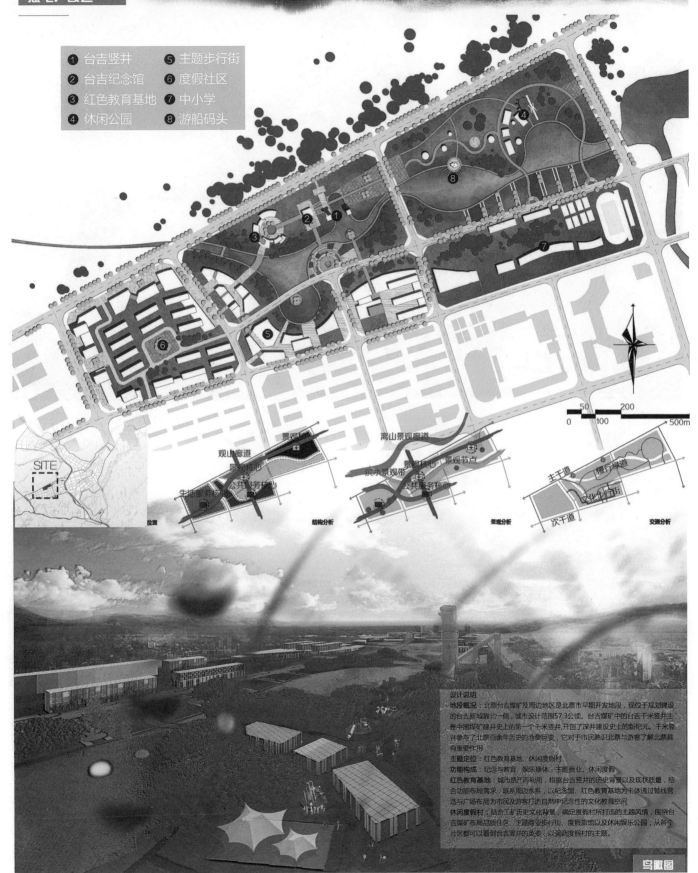

故城新韵 · 山水川州

北票市总体城市设计
Master Urban Design of Beipiao

热电厂改造

1 台吉竖井　　5 主题步行街
2 台吉纪念馆　6 度假社区
3 红色教育基地　7 中小学
4 休闲公园　　8 游船码头

SITE

50　200
0　100　　500m

观山廊道　景观核心　离山景观廊道　景观节点
景观核心
滨水景观带　公共服务核心
生活服务核心　公共服务核心
主干道　慢行绿道
文化步行街
次干道

位置　　　结构分析　　　景观分析　　　交通分析

设计说明
地段概况：北票台吉煤矿及周边地区是北票市早期开发地段，现位于规划建设的台吉新城路北一侧，城市设计范围57.3公顷。台吉煤矿中的台吉千米竖井主是中国煤矿建井史上的第一个千米竖井，开创了深井建设史上的新纪元。千米竖井参与了北票百余年历史的沧桑巨变，它对于市民熟识北票与游客了解北票具有重要作用。
主题定位：红色教育基地、休闲度假村
功能构成：纪念与教育、娱乐康体、主题商业、休闲度假
红色教育基地：城市遗产再利用，根据台吉竖井的历史背景以及现状质量，结合功能布局需求，联系周边水系，以纪念馆、红色教育基地为主体通过轴线营造与广场布局为市民及游客打造自然中纪念性的文化教育空间
休闲度假村：结合工矿历史文化背景，确定度假村所打造的主题风情，围绕台吉煤矿布局品质住区、主题商业步行街、度假旅馆以及休闲娱乐公园；从各个片区都可以看到台吉竖井的英姿，以强调度假村的主题。

鸟瞰图

产业研发中心

平面图

- ❶ 创意商业
- ❷ 商务办公
- ❸ 创新研发
- ❹ SOHO居住
- ❺ 教育培训
- ❻ 交流共享步道
- ❼ 研发展览
- ❽ 创新体验

设计说明

地段概况：基地位于凉水河与黄杖子河交汇处，具有得天独厚的生态与景观基底。结合交通概况与区域定位，基地承担着北票门户景观节点的职能，同时也是产业城发展的主要服务中心。规划面积38.7公顷。

主题定位：城市创新基地、产业活力基地

功能构成：创意研发、特色商业、商务办公、展览体验、SOHO生活居住

详细说明：

产业研发基地，基于创新产业空间的时代规划背景，以产展销一体化为原则，综合配置创新主体功能与配套服务功能人群内部，规划慢行步道，推动创意研发区的密切交流。

创意体验基地，围绕产业技术创新，打造创意体验街区，一方面快速树立产业的品牌形象，推动北票市产业的快速升级；另一方面，通过亲身体验进行科技培训，扩大产业受众人群

同时，充分利用滨水生态基底与上层规划的景观廊道，打造内部滨水空间，丰富景观绿化，实现产业城片区"智造绿谷"的发展目标。

结构分析　　景观分析　　交通分析

SITE 地理位置

鸟瞰图

故城新韵 · 山水川州

北票市总体城市设计
Master Urban Design of Beipiao

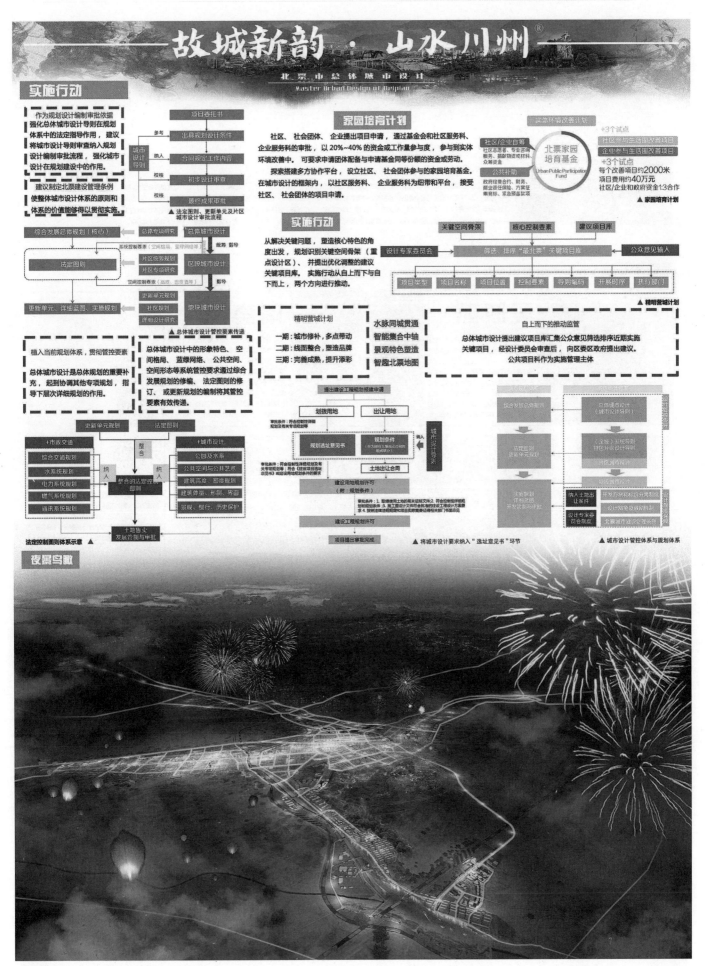

实施行动

作为规划设计编制审批依据强化总体城市设计导则在规划体系中的法定指导作用，建议将城市设计导则审查纳入规划设计编制审批流程，强化城市设计在规划建设中的作用。

建议制定北票建设管理条例使整体城市设计体系的原则和体系的价值能够得以贯彻实施。

项目委托书
出具规划设计条件
合同规定工作内容
初步设计审查
最终成果审批

城市设计导则 —参考— 纳入— 校核— 校核

▲ 法定图则、更新单元及片区城市设计审批流程

综合发展总体规划（核心）
总体专项研究
总体城市设计
系统控制要素（空间格局、蓝绿网络等）—按需 指导—
法定图则
片区统筹规划
片区专项规划
区域城市设计
空间控制要素（温度、密度造等）—指导—
更新单元、详细蓝图、实施规划
更新单元规划
社区规划
详细设计研究
地块城市设计

▲ 总体城市设计管控要素传递

植入当前规划体系，贯彻管控要素
总体城市设计是总体规划的重要补充，起到协调其他专项规划，指导下层次详细规划的作用。

总体城市设计中的形象特色、空间格局、蓝绿网络、公共空间、空间形态等系统管控要求通过综合发展规划的修编、法定图则的修订、或更新规划的编制将其管控要素有效传递。

更新单元规划
法定图则
+市政交通
综合交通规划
水系统规划
电力系统规划
燃气系统规划
通讯系统规划
—纳入— 整合 —纳入—
整合的法定控制图则
+城市设计
公园与水系
公共空间与公共艺术
建筑高度、密度规划
建筑体量、形制、界面
景观、慢行、历史保护
土地整张
发展管制与审批

▲ 法定控制图则体系示意

家园培育计划

社区、社会团体、企业提出项目申请，通过基金会和社区服务科、企业服务科的审批，以20%~40%的资金或工作量参与度，参与到实体环境改善中。可要求申请团体配备与申请基金同等份额的资金或劳动。

探索搭建多方协作平台，设立社区、社会团体参与的家园培育基金。在城市设计的框架内，以社区服务科、企业服务科为纽带和平台，接受社区、社会团体的项目申请。

装饰环境改善计划
社区/企业自筹
社区志愿者、专业咨询服务、捐赠物资或材料、众筹资金
公共补助
政府经费合约、财务、商业委任保险、方案征集竞标费、紧急援助款项

北票家园培育基金
Urban Public Participation Fund

+3个试点
社区参与生活园改善项目
企业参与生活园改善项目
+3个试点
每个改善项目约2000米
项目费用约40万元
社区/企业和政府资金1:3合作

▲ 家园培育计划

实施行动

从解决关键问题、塑造核心特色的角度出发，规划识别关键空间骨架（重点设计区）、并提出优化调整的建议关键项目库。实施行动从自上而下与自下而上，两个方向进行推动。

关键空间骨架　核心控制要素　建议项目库
设计专家委员会
筛选、排序"最北票"关键项目库
公众意见输入
项目类型　项目名称　项目位置　控制要素　导则编码　开展时序　执行部门

▲ 精明营城计划

精明营城计划
一期：城市修补，多点带动
二期：线面整合，塑造品牌
三期：完善成熟，提升添彩

水脉同城贯通
智能集合中轴
景观特色塑造
智趣北票地图

自上而下的推动监管
总体城市设计提出建议项目库汇集公众意见筛选排序近期实施关键项目，经设计委员会审查后，向区委区政府提出建议。公共项目科作为实施管理主体。

提出建设工程规划报建申请
划拨用地　出让用地
规划选址意见书　规划条件
土地出让合同
建设用地规划许可（附：规划条件）
建设工程规划许可
项目提出审批完成

城市设计导则—纳入—

▲ 将城市设计要求纳入"选址意见书"环节

综合发展总体规划
总体城市设计（城市设计导则）
法定图则更新单元规划
（全域）新规划导则特色片区设计导则
实施规划详细蓝图开发资都与审批
纳入土地出让条件
开发万科和街区分期制定
设计专家委员会制度
北票城市建设区管理条例

▲ 城市设计管控体系与规划体系

夜景鸟瞰

1组 李洋老师

同学们五年前带着对城乡规划的懵懂和憧憬走进校园，在这五年里城乡规划行业也发生了深刻的变化。我们不但要处理各种空间问题，更重要的是应对城市转型、产业转型、社会转型过程中的各种矛盾。城乡规划变得异常复杂。联合毕设不是竞赛，而是搭建跟兄弟院校、跟当地政府交流、学习的平台，提升毕业设计的水平。本次联合毕设以北票总体城市设计为题，从城市山水格局、城市风貌、城市界面、特色节点等角度进行深入设计，具有非常强的挑战性和现实意义。同学们在设计中表现出的专业素养和那份热着深深感动了我。马上就要到分别时刻，希望你们不忘初心，无论西东，将这份热着带到未来的学习和工作中去。

吴晓娇

来自山城重庆，毕业于东北大学江河建筑学院城乡规划学，曾多次获东北大学奖学金，于2017年参加城乡规划综合实践社会调研竞赛获二等奖，于2018年发表四篇期刊论文。相比于独自进行设计，我更喜欢团队协作的氛围，这次联合毕设虽然辛苦，但却很快乐，能够参加这次联合毕设我感到非常幸运。

闫奕彤

来自河北保定，毕业于东北大学江河建筑学院城乡规划专业。曾多次获东北大学校级奖学金，于2017年参加城乡规划综合实践社会调研竞赛获佳作奖，参加全国大学生创新创业项目并于2018年发表四篇期刊论文。参加联合毕设代表着我们的肩上扛着了一份责任，虽然很沉重，但正是这份责任让我对设计更加专注。

宗珂

是一个来自美丽山城张家口的女生，性格开朗热情，喜欢美食与电影。在五年的本科学习中，对城市设计一直都有着浓厚的兴趣，但对于总体城市设计还是第一次接触，也很珍惜这次参与联合设计的机会，希望它能成为本科完美的结尾。

1
故城新韵·魅力北票

城市区位分析

□ 地理区位

北票市隶属于辽宁省朝阳市，地处辽宁西部，辽冀蒙三省交界处。南邻渤海，是环渤海经济圈的重要组成部分，也是京津冀至东北地区的关键节点。

□ 交通区位

目前对外交通主要包括：长深高速G25，国道101、305线，省道209、304、307线。拥有高铁站北票东站，距朝阳机场40千米。

□ 旅游区位

北票市是辽西区域旅游发展重要的一环，也是京沈旅游带上的关键节点，同时与环渤海旅游城市有着密切的联系。

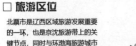

自然环境分析

□ 地形地貌	北票市是"七山一水二分田"的丘陵山区。境内四周高，中间低，西北绵亘大青山脉，主要山峰平顶山，海拔1074米。南部为起伏的松岭山脉；中部为海拔200米左右的低丘。
□ 气候条件	北票市属中温带亚湿润区季风型大陆性气候，温差大，积温高。年平均气温8.6℃。
□ 水文条件	北票市境内水系丰富，有大凌河、小凌河两水系。大凌河和牦牛河的支流及小凌河水系多为季节河，各支流均与次一级构线线平行，与主流呈直交或近似直交的格网水系。
□ 自然资源	北票市富有山水资源、矿产资源、旅游资源与林业资源。

山水资源：北票市山水资源丰富，山体环绕，河流穿城而过。

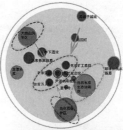

旅游资源：北票市有大量旅游资源，包括工业、自然山水、鸟化石、以及历史遗址等旅游资源。

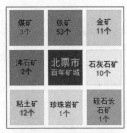

煤矿 3个	铁矿 53个	金矿 11个
沸石矿 2个	北票市 百年矿城	石灰石矿 10个
粘土矿 12个	珍珠岩矿 1个	硅石长石矿 1个

矿产资源：北票市矿产资源丰富，各类矿产资源44种，矿床矿化点350余处。

□ 北票全景

城市发展解读

□ 社会人文--多元共存

北票市历史文化底蕴厚重。三燕文化在这里发祥，川州文化在这里孕育，工业文化在这里传承，化石文化引爆世界。尹湛纳希文化竖起了蒙汉融合的历史丰碑。

三燕文化　　化石文化　　工业文化　　尹湛纳希文化

□ 社会经济发展

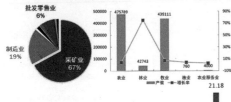

批发零售业 6%
制造业 19%
采矿业 67%

475789　439111
42743　760　400
农业　林业　牧业　渔业　农业服务业
——产值　——增长率

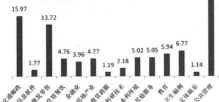

15.97　1.77　13.72　4.76　3.96　4.77　1.19　2.18　5.02　5.05　5.94　6.77　1.14　21.18
交通邮政　信息软件　批发零售　住宿餐饮　金融业　房地产业　历史遗址　租赁商服　科研技术　水利环境　共共服务　教育　卫生福利　文体娱乐　公共管理

传统农业发展稳步增长，传统制造业为主，"一铁独大"，传统服务业为主，现代服务业不发达。

□ 历史沿革——历史悠久 · 发展至今

北票古称"川州"，最早可以追溯到5500年前的红山文化，是中华民族文明的发祥地之一。光绪年间，有人在此地发现地下含煤，遂发下龙票四张，因四地皆在朝阳北，故称"北四票"，简称北票。北票地区先后属热河省、锦州省辖，解放后属辽西省北票县。建国后，划入朝阳市辖区，1985年设立北票市（县级），由朝阳市代管。

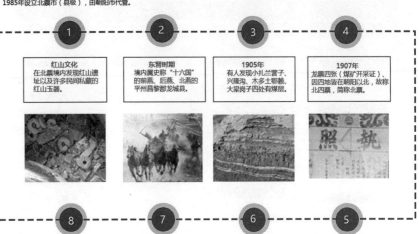

1 红山文化
在北票境内发现红山遗址以及许多民间私藏的红山玉器。

2 东晋时期
境内属史称"十六国"的前燕、后燕、北燕的平州昌黎郡龙城县。

3 1905年
有人发现小扎兰营子、兴隆沟、木多土鄂赖、大梁岗子四处有煤层。

4 1907年
龙票四张（煤矿开采证），因四地皆在朝阳以北，故称北四票，简称北票。

8 至今
城市面临环境与产业转型等急需解决的问题。

7 1985年
撤县建市，成立北票市（县级市），隶属辽宁省朝阳市。

6 1949年
改北票县为北票县人民政府，隶属热河省。

5 1940年
北票建立吐默特右旗，隶属锦州省。

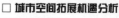

发展机遇分析

□ 城市战略发展机遇分析

①振兴东北老工业基地战略

在此战略背景下，北票市全力推进"五个一"工程。即一个以工业为主导的经济开发区、一个农业产业化园区、一个旅游风景区、一个新市镇和一个服务业聚集区。

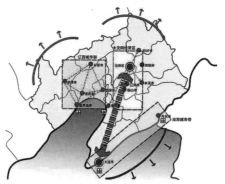

③辽西城市群战略

辽西城市群包含锦州、朝阳、阜新、葫芦岛、盘锦（辽河以西部分）五市。北票在融入辽西城市群发展过程中，将建设成为辽西城镇群的重要战略支点、环保装备及新能源产业基地、文化旅游重要符号地标。

□ 城市空间拓展机遇分析

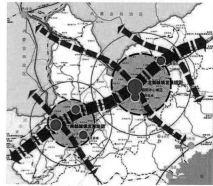

《朝阳市城市总体规划（2011-2030年）》

空间结构为"双核、一带、三轴、多点"。
等级结构中，北票城区为朝阳市次级中心城市；西官营镇、上园镇为重点镇，其他城镇为一般镇。

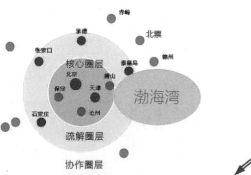

②京津冀一体化战略

对接北京：重点培育文化符号和地区印记，成为京津冀文化创意产业体系的特色文化产业基地。
对接天津：依托资源和工业基础，发展环保、风电装备、零部件、新能源产业。
高铁建设刺激了旅游业和运输业。

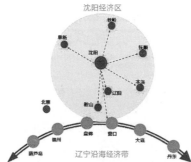

④与沈阳经济区、辽宁沿海经济带的战略关系

通过"以点连线、以线促面、以带兴面"的空间发展格局，辐射和带动距离海岸线100公里范围内地区的发展。

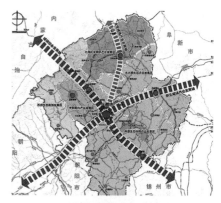

《北票市城市总体规划（2016-2030）》

"三轴、一核、五区、多点"的市域空间结构。
"三轴"指两条城镇产业发展主轴和城镇发展副轴。"一核"指北票市中心城区，是市域内经济、交通、资源与产业配置、生态承载力最高的区域。

研究框架

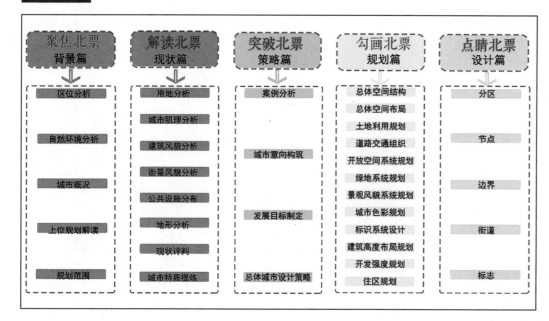

规划范围

□ 总体城市设计核心范围

包括城关、南山、冠山、桥北、双河、台吉、三宝7个管理区及台吉镇及五间房镇、三宝乡、东官营镇、凉水河乡的城镇建设部分地域。
是城市主要发展建设和形象展示区，用地总面积约为59.20平方公里。

□ 总体城市设计研究范围

包括核心范围周边的城市建设用地、主要山体及水系等，研究范围约1000平方公里。

现状用地分析

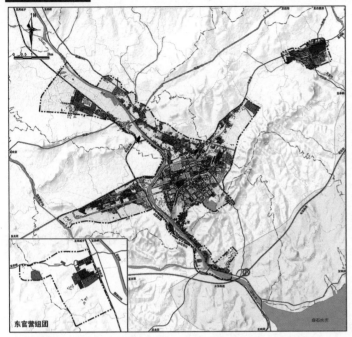

东官营组团

用地分析：
①土地利用类型复杂，区域协同性差
②土地利用资源丰富，开发难度大
③耕地质量低，综合生产能力低
④建设用地利用程度不集约
⑤土地生态环境问题突出

城市肌理分析

□ 建筑肌理

以棚改区住宅为主的老城区，密度较高，尺度与形态相似。

其他区域密度较低，以不规则小尺度建筑为主，秩序性较差。

□ 道路肌理

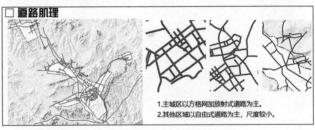

1.主城区以方格网加放射式道路为主。
2.其他区域以自由式道路为主，尺度较小。

□ 河流肌理

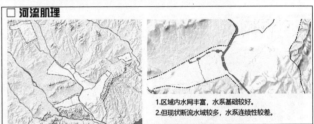

1.区域内水网丰富，水系基础较好。
2.但现状断流水域较多，水系连续性较差。

建筑风貌分析

□ 建筑高度分析

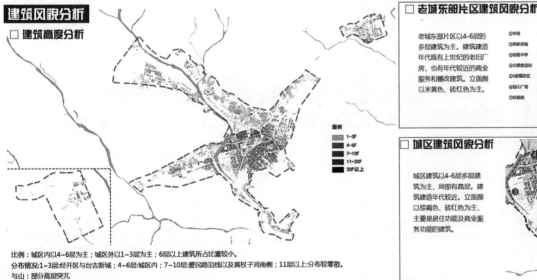

图例
1~3F
4~6F
7~10F
11~20F
20F以上

比例：城区内以4~6层为主；城区外以1~3层为主；6层以上建筑所占比重较小。
分布情况：1~3层：经开区与台吉新城；4~6层：城区内；7~10层：爱民路沿线以及黄枨子河南侧；11层以上：分布较零散。
与山：部分高层突兀
与水：天际线单调

□ 老城东部片区建筑风貌分析

老城东部片区以4-6层的多层建筑为主。建筑建造年代既有上世纪的老旧厂房，也有年代较近的商业服务和棚改建筑。立面颜色以米黄色、砖红色为主。

①市场
②宗教设施
③铁路高中
④北票客运站
⑤棚改社区
⑥矿山广场
⑦铁路线

□ 城区建筑风貌分析

城区建筑以4-6层多层建筑为主，局部有高层。建筑建造年代较近。立面颜色以棕褐色、砖红色为主，主要是居住功能及商业服务功能的建筑。

①铁路北侧
②演绎广场
③待建设用地
④12层居住小区
⑤20层居住小区
⑥6层棚改区
⑦25层联排式住宅
⑧北票高速铁站

□ 经济开发区建筑风貌分析

①水泥厂
②工业厂房
③农业市场
④二等工业区
⑤东官营工业
⑥汽修业态
⑦燕山中学
⑧工业厂房

经济开发区以1~3层建筑为主，建筑建造年代多为20世纪的老旧建筑，功能以厂房、居住建筑为主。立面颜色以米黄色、灰白色为主。

□ 台吉新城建筑风貌分析

台吉新城片区以10层以下的多层建筑为主。建筑建造年代既有上世纪的老旧民房、工厂，也有新建的行政文化类建筑。立面颜色以米黄色、灰白色为主。

①6层居住小区
②新市政府
③20层居住小区
④水泥厂
⑤老旧民房
⑥双创中心
⑦跨河大桥

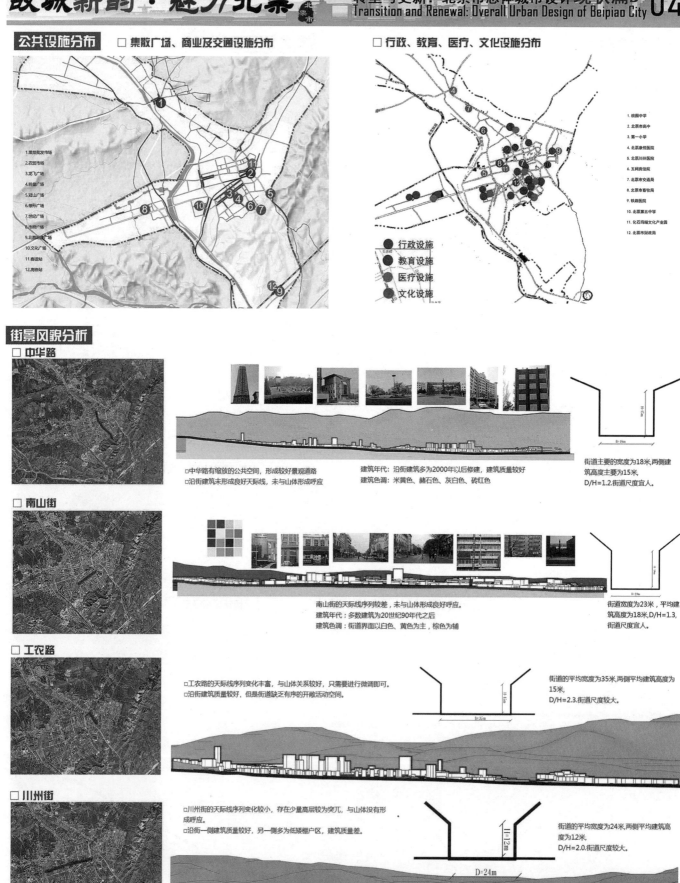

公共设施分布
□ 集散广场、商业及交通设施分布

1.果菜批发市场
2.农贸市场
3.恒飞广场
4.转盘广场
5.冠山广场
6.弧形广场
7.世元广场
8.市府广场
9.北票政府广场
10.文化广场
11.春运站
12.高铁站

□ 行政、教育、医疗、文化设施分布

1.桃园中学
2.北票市高中
3.第一小学
4.北票康悦医院
5.北票川州医院
6.五间房法院
7.北票市交通局
8.北票市畜牧局
9.铁路医院
10.北票第五中学
11.化石鸟蝠文化产业园
12.北票市财政局

● 行政设施
● 教育设施
● 医疗设施
● 文化设施

街景风貌分析

□ 中华路

□中华路有缩放的公共空间，形成较好景观道路
□沿街建筑未形成良好天际线，未与山体形成呼应

建筑年代：沿街建筑多为2000年以后修建，建筑质量较好
建筑色调：米黄色、赭石色、灰白色、砖红色

街道主要的宽度为18米，两侧建筑高度主要为15米，D/H=1.2.街道尺度宜人。

□ 南山街

南山街的天际线序列较差，未与山体形成良好呼应。
建筑年代：多数建筑为20世纪90年代之后
建筑色调：街道界面以白色、黄色为主，棕色为辅

街道宽度为23米，平均建筑高度为18米，D/H=1.3，街道尺度宜人。

□ 工农路

□工农路的天际线序列变化丰富，与山体关系较好，只需要进行微调即可。
□沿街建筑质量较好，但是街道缺乏有序的开敞活动空间。

街道的平均宽度为35米，两侧平均建筑高度为15米，D/H=2.3.街道尺度较大。

□ 川州街

□川州街的天际线序列变化较小，存在少量高层较为突兀，与山体没有形成呼应。
□沿街一侧建筑质量较好，另一侧多为低矮棚户区，建筑质量差。

街道的平均宽度为24米，两侧平均建筑高度为12米，D/H=2.0.街道尺度较大。

现状评判

□ 宏观层面

① 山水城格局断联

——蓝绿空间比较丰富，但山水城整体关系需要进一步梳理和完善。

①蓝绿空间和城市在形态上有一定的吻合度。
②城市内部发展结构未能与山势水系相协调，景观渗透和视线通廊较为欠缺。

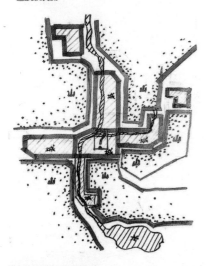

② 地域文化特色迷失

——城市文化有一定的底蕴，但文化特征在城市建设中体现不充分。目前这些城市文化在城市建设风貌中体现不足，不够突出，有待进一步强化和彰显。

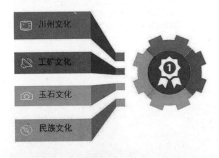

川州文化
工矿文化
玉石文化
民族文化

□ 中观层面

① 旧城新区用地脱节

——城市新老用地割裂较强，未能很好的融合。
城市结构被铁路、河流分成多个片区。
旧城新区在用地上的割裂感较强。

③ 城市整体风貌失调

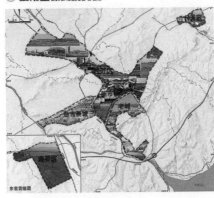

东官营组团

——城市空间形象缺乏控制，同质化现象明显，城市建筑高度局部失控。
√每个棚改区内的建筑风貌过于同质化。
√不同棚改区之间建筑风貌不够协调，较为混杂。
√局部建筑过高，对观景视廊有一定的影响。
√城市天际线与山体的起伏不协调。

② 城市公共空间失落

——公共空间分布不成体系，可参与度低，且公共空间低颜值。
面积小，分布散，不符合人的尺度。
颜值低，风貌协调性不足，趣味性低。
外向型公共设施缺乏，主要是为城市内部服务的。

④ 魅力触媒空间缺失

——城市缺少标志空间，可识别性强的核心地段尚未形成。
缺乏明显的城市中心。
各类公服设施及开敞空间分布零散且规模相近。
空间可识别性不高，缺乏标志性强的触媒空间。

□ 微观层面

人居环境亚健康

——城市慢行系统、社区绿地景观等居民生活使用频率较高的社区活动空间有待进一步优化。

步行系统连续性差
城市部分地段间有废弃铁路的分割，存在一些断头路，使城市步行系统不够连续。

社区内部的公共绿地较为缺乏
城市绿地景观空间大多集中在山体和河道周边，但社区特别是大量的棚改区内部公共空间亟待优化。

城市灰空间较多
由于高差及铁路形成了许多诸如桥洞、断头路等灰色空间，导致步行体验的降低以及城市空间的浪费。

城市整体环境未实现可持续发展
目前城市整体环境较单调，没有实现人和环境的协调发展。在城市和人的健康方面以及生活品质方面有待提高与优化。

城市特质提炼

百年矿城 · 工业摇篮
北票矿产资源分布面广、储量大，溯有铁石之城、黄金之邦、乌金之埠、玛瑙之乡的美誉。第二产业在国民经济中占有较大比重。

产业 02

山水 01

黑山白水 · 山水北票
北票具有"七山一水二分田"的山水格局，蓝绿空间比较丰富。

花繁蓝飞 · 故城川州
北票市历史文化底蕴厚重，古生物化石保护较为完善，被誉为世界上第一只鸟飞起的地方，第一朵花绽放的地方。

人文 03

宜居 04

故城新貌 · 诗意憩居
北票市有得天独厚的山水空间资源，为营造景观视线通廊及创造宜居的生活环境打下了良好的基础。

□ 构筑框架

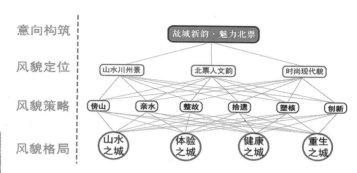

	故城新韵 · 魅力北票	
意向构筑		
风貌定位	山水川州景 / 北票人文韵 / 时尚现代貌	
风貌策略	傍山 / 亲水 / 整故 / 拾遗 / 塑核 / 创新	
风貌格局	山水之城 / 体验之城 / 健康之城 / 重生之城	

城市意象构筑

北票市

故城新韵
魅力北票

风韵—山水川州 ● 古韵传承
风貌—活力再塑 ● 风貌初显
风范—时尚憩居 ● 未来风范

战略框架

四大目标   十二策略

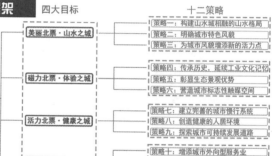

故城新韵魅力北票	美丽北票·山水之城	策略一：构建山水城相融的山水格局
		策略二：明确城市特色风貌
		策略三：为城市风貌增添新的活力点
	磁力北票·体验之城	策略四：传承历史、延续工业文化记忆
		策略五：彰显生态景观优势
		策略六：营造城市标志性触媒空间
	活力北票·健康之城	策略七：建立完善的城市慢行系统
		策略八：创造健康的人居环境
		策略九：探索城市可持续发展道路
	动力北票·重生之城	策略十：增添城市外向型服务业
		策略十一：改善产业园区整体风貌
		策略十二：提升产业园区三生空间品质

结合城市现状评判与城市特质提炼，确定城市意象构筑为：故城新韵，魅力北票。
根据意向构筑确定城市发展到的四大目标：美丽北票、磁力北票、活力北票以及动力北票，分别针对城市山水格局优化、城市体验感受提升、城市健康可持续发展以及城市产业转型升级。并针对城市四大发展目标，提出十二大城市实施策略。

现状北票鸟瞰

1.美丽北票——山水之城

01 构建山水城相融的山水格局

水在山中——保护现有山水格局
山在城中——打造山水城相融的新风貌

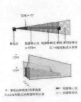

保护山水格局结合现有山水资源，保护城市生态。

融合岸线景观，打造特色驳岸空间。

引入景观视廊，实现山景、水景渗透。

03 为城市风貌增添新的活力点

1.建立城市的高度空间序列
2.建立城市的开发强度的空间序列
3.控制城市的建设开发时序

02 明确城市特色风貌

山水地形特色——山、岸、水、园
城市功能特色——商、文、居、游
山水+城市——水在山中、山在城中、城在景中

 山 岸 水 园

 商 文 居  游

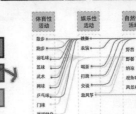

营造以老城传统人文风貌为核心的四大风貌区。

2.磁力北票——体验之城

01 传承历史，延续工业文化记忆

历史文化——三燕文化、川州文化
工业文化——百年矿城文化
民族文化——尹湛纳希文化

02 彰显生态景观优势

打造生态岸线，分为生态护岸与生活护岸
结合天鹅湖景区与岸线以及山体打造独特的生态体验

03 营造城市标志性触媒空间

结合门户空间以及主要轴线，打造特色的触媒空间
结合河流岸线以及主要公园，打造生态触媒空间
建设后工业遗址公园，打造北票工业名片

3.活力北票——健康之城

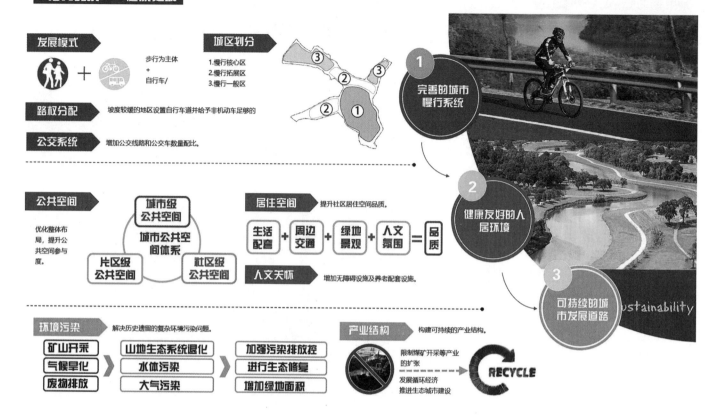

发展模式

步行为主体 + 自行车/

城区划分

1.慢行核心区
2.慢行拓展区
3.慢行一般区

路权分配 坡度较缓的地区设置自行车道并给予非机动车足够的

公交系统 增加公交线路和公交车数量配比。

1 完善的城市慢行系统

2 健康友好的人居环境

3 可持续的城市发展道路 Sustainability

公共空间

优化整体布局，提升公共空间参与度。

城市级公共空间 — 城市公共空间体系 — 片区级公共空间 — 社区级公共空间

居住空间 提升社区居住空间品质。

生活配套 + 周边交通 + 绿地景观 + 人文氛围 = 品质

人文关怀 增加无障碍设施及养老配套设施。

环境污染 解决历史遗留的复杂环境污染问题。

矿山开采 / 气候旱化 / 废物排放
山地生态系统退化 / 水体污染 / 大气污染
加强污染排放控 / 进行生态修复 / 增加绿地面积

产业结构 构建可持续的产业结构。

限制煤矿开采等产业的扩张 → RECYCLE
发展循环经济 推进生态城市建设

4.动力北票——重生之城

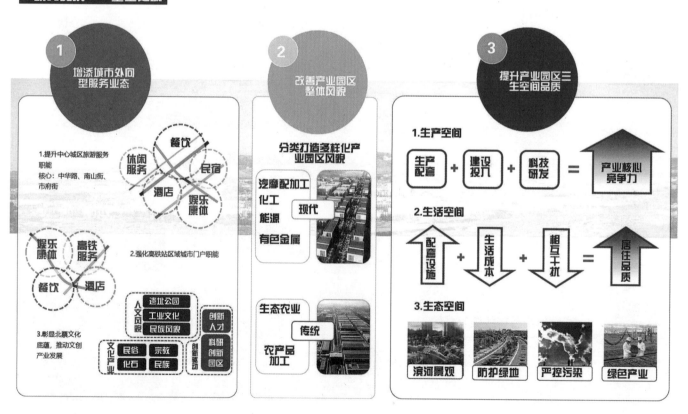

1 增添城市外向型服务业态

1.提升中心城区旅游服务职能
核心：中华路、南山街、市府街

餐饮 / 休闲服务 / 民宿 / 酒店 / 娱乐康体

娱乐康体 / 高铁服务 / 餐饮 / 酒店

2.强化高铁站区域城市门户职能

3.彰显北票文化底蕴，推动文创产业发展

遗址公园 / 工业文化 / 民族风貌 / 人文风貌 / 创新人才 / 创新驱动 / 科研创新园区 / 文化产业 / 民俗 / 宗教 / 化石 / 民族

2 改善产业园区整体风貌

分类打造多样化产业园区风貌

汽摩配加工 / 化工 / 能源 / 有色金属 现代

生态农业 / 农产品加工 传统

3 提升产业园区三生空间品质

1.生产空间

生产配套 + 建设投入 + 科技研发 = 产业核心竞争力

2.生活空间

配套设施 + 生活成本 + 相互干扰 = 居住品质

3.生态空间

滨河景观 / 防护绿地 / 严控污染 / 绿色产业

总体空间结构 "一核一环 四心四轴 四片区"

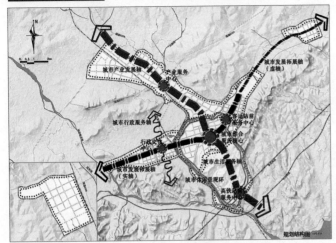

规划结构图

□ 一核
城市综合服务核心：位于老城区商业餐饮服务最集中的南山街街区。

□ 一环
城市休闲景观环：指沿凉水河从北票东站向东、向北延伸的滨河岸线，再向南沿爱民路至南山公园、冠山广场，最后沿南山东侧闭合至北票东站的环线。

□ 四心
位于西部台吉新城的行政文化中心；
位于北部经济开发区的产业服务中心；
位于东部新客运站前的客运站前服务中心；
位于南部北票东站的高铁站前服务中心。

□ 四轴
城市产业发展轴：由城市综合服务核心向北延伸；
城市生活服务轴：由城市综合服务核心向南沿中华路延伸；
城市发展拓展轴：连接行政文化中心、城市综合服务核心及东部产业服务中心，并向东延伸至三宝组团（西段是实轴、东段是虚轴）；
城市行政服务轴：位于台吉新城，以新市府、公共文化设施、绿地南北向延伸。

功能分区规划

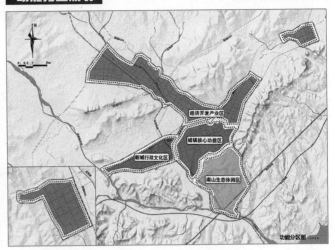

功能分区图

□ 四片区
南山生态休闲区：北票东站站前片区、北大路南段沿线、南山和南山公园、冠山广场在内的有着城市门户性职能的片区。

城镇核心功能区：城市休闲景观带与城市形象展示区之间的北票市老城区。

新城行政文化区：北宝铁路以西即台吉新区组团所在片区。

经济开发产业区：北票市老城区北部和东部的以汽摩配产业园、农产品加工园区、环保装备园区、物流产业等为主的产业发展区。另外还包括城市东北部的三宝工业组团和城市西北部的东官营工业组团。

道路系统规划

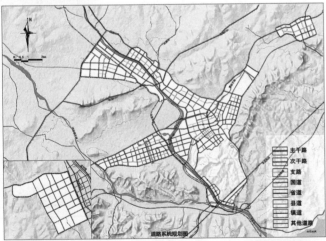

道路系统规划图

图例：
主干路
次干路
支路
国道
省道
县道
镇道
其他道路

□ 道路等级规划
在居民分布最密集的老城区域内，构建"三横四纵"的主要道路骨架。
三横——朝北路-五间房土纵三路-冠山主纵一路路段、台吉大街-南山街-冠山街-冠山主纵二路路段、站前爱民路路段。
四纵——台吉主纵四路、中华路、宝棉线-建设路-黄河路-北大路路段、省道S209-工农路-爱民路路段。

□ 局部道路调整
基地内道路系统在主干、次干层面大致遵循北票市总体规划；在保证实施可行性的前提下，使每个街区的规模在150×200米左右，对于支路系统在局部地区做了适当调整如下：

公交系统规划

在北票市总体规划中公交系统规划的基础上，详细规划了4条公交线路。规划公交站距300~500米，线网覆盖率80%，日运行时间12小时。

1路：北起东官营公交首末站，经国道G305、省道S209、客运站、五间房主纵三路、台吉主纵三路、台吉大街至台吉公交首末站。
2路：北起桥北公交首末站，经宝棉线、建设路、黄河路、北大路至北票东站。
3路：西起台吉公交首末站，经台吉大街、建设路、南山街、人民路、振兴街、双桥街至冠山公交停保场。
4路：东起三宝公交首末站，经北房线、冠山主纵一路、五间房主纵三路、中华路、市府街、爱民路至北票东站。

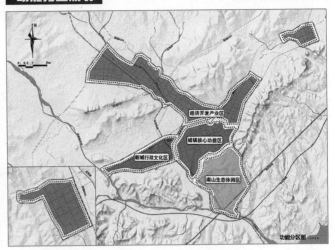

公交系统规划图

东官营组团

□ 道路断面设计

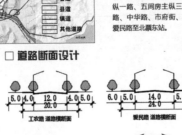

5.0 | 4.0 | 12.0 | 4.0 | 5.0
20.0
工农路 道路横断面

6.0 | 5.0 | 14.0 | 5.0 | 6.0
24.0
爱民路 道路横断面

6.0 | 12.0 | 6.0
24.0
中华路 道路横断面

8.0 | 14.0 | 8.0
30.0
南山路 道路横断面

40.0 | 6.0 | 28.0 | 6.0
40.0
台吉主纵二路 道路横断面

为了使规划结构中的城市休闲景观环形成连续的慢行系统，对工农路、爱民路的道路断面进行了调整，留出足够的人行道及街旁绿化带，营造宜人的城市慢行带。

中华路是城市重要的景观轴线，南山街是城市商业最集中的路段，因此需要保证这两条街的人行路路宽，保证街道活力。

台吉主纵二路是对新城中工业和居住用地分割作用的路段，因此为了保证居民生活环境品质，有必要在靠近工业用地的一侧加宽绿化隔离带。

土地利用规划

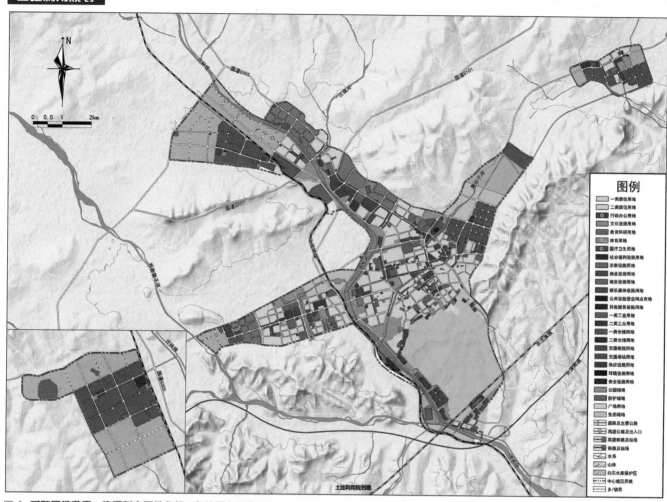

图例

一类居住用地
二类居住用地
行政办公用地
文化设施用地
教育科研用地
体育用地
医疗卫生用地
社会福利设施用地
宗教设施用地
商业设施用地
商务设施用地
娱乐康体设施用地
公共设施营业网点用地
其他服务设施用地
一类工业用地
二类工业用地
一类仓储用地
二类仓储用地
交通枢纽用地
交通场站用地
供应设施用地
环境设施用地
安全设施用地
公园绿地
防护绿地
广场用地
生态绿地
道路及主要公路
高速公路及出入口
高速铁路及站场
铁路及站场
水系
山体
白石水库保护区
中心城区界限
乡/镇界

土地利用规划图

□ **A. 重整用地秩序，协调新老用地之间、各片区之间用地秩序。**

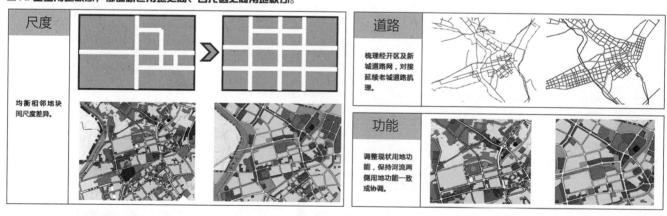

尺度

均衡相邻地块间尺度差异。

道路

梳理经开区及新城道路网，对接延续老城道路肌理。

功能

调整现状用地功能，保持河流两侧用地功能一致或协调。

□ **B. 局部用地功能调整。**

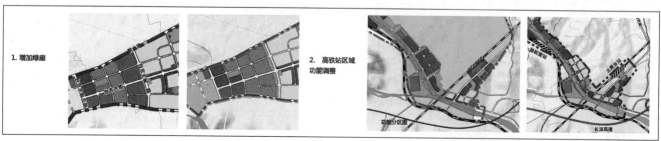

1. 增加绿廊

2. 高铁站区域功能调整

功能分区圈

长深高速

开放空间系统规划

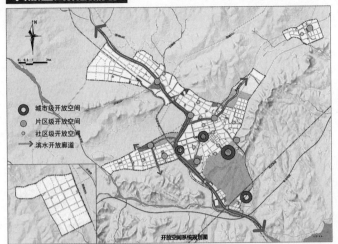

开放空间系统规划图

建立城市级-片区级-社区级多层次立体化开放空间系统。

□ 城市级开放空间	□ 片区级开放空间	□ 社区级开放空间

主要人群

观光游客 / 全市居民 / 活动参与者

活动参与者 / 本片区居民 / 观光游客 / 通勤者

社区及周边居民 / 活动参与者

功能定位

省市级大型活动
全市主要人群聚集点

大中型集体活动
片区内特色空间

小型社区活动
街头休憩交往空间

视线通廊设计

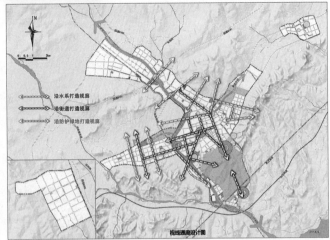

视线通廊设计图

沿水系打造视廊
沿街道打造视廊
沿防护绿地打造视廊

通过景观视廊的打造，形成"身在城中，观山望水"的景观体验。

1.沿水系打造视廊	2.沿街道打造视廊	3.沿防护绿地打造视廊
↓	↓	↓
提升滨水体验	美化轴线空间	优化工业风貌

沿水系打造景观视廊，优化滨水空间，提升滨水体验。

沿街道打造景观视廊，美化城市街道空间，形成山景渗透。

沿防护绿地打造景观廊道，优化工业风貌。

绿地系统规划

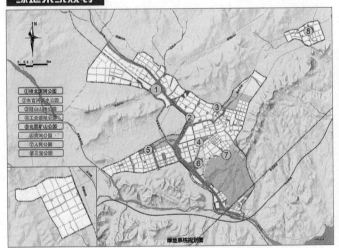

①桥北英河公园
②东官河景水公园
③冠山山地公园
④工业遗址公园
⑤北票矿体山公园
⑥凉河公园
⑦人民公园
⑧三宝公园

绿地系统规划图

通过以下五点绿地规划策略，塑造八个主要城市公园，打造完善的绿地规划系统。

3.增加北部工业组团绿地，增加山地开敞空间。

↓

引入山地景观，打造视线通廊

1.保留现状绿地，增加沿爱民路绿带。

↓

完善城市慢行步道

4.在居住区内增加绿地景观。

↓

提升居住区生态环境品质

2.增加人民路、中华路、工农路、双桥街等街道绿带。

↓

增加绿地的连贯性和系统性

5.在工业区与居住区之间加宽防护绿地。

↓

减少干扰，提升工业园风貌

慢行系统规划

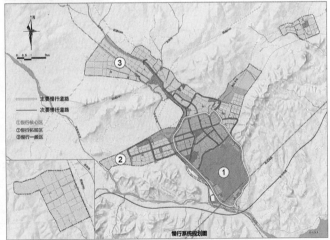

慢行系统规划图

主要慢行道路
次要慢行道路
①慢行核心区
②慢行提升区
③慢行一般区

□ 慢行分区划分

	划分范围	分区特征
慢行核心区	老城区爱民路以西部分，包括南山公园及两侧道路。	主要慢行道路采用机非分离模式，保证非机动车的通畅。
慢行缓冲区	台吉新城、五间房新市镇片区、以及老城区爱民路以东部分。	慢行需求较小，非机动车与机动车之间有一定干扰。
慢行一般区	经济开发区、三宝片区以及东官营片区。	以机动车出行为主，非机动车交通量较小。

□ 慢行道路布置形式

①城市绿道　　②调整道路断面

□ 慢行道路选择

1.选择河岸及爱民路、北大路作为主要慢行道路，使慢行道路呈闭合的环状系统。主要功能为运动休闲。

2.选择市区道路状况较好、慢行需求较大的道路作为次要慢行道路，主要功能为慢行交通。

景观风貌系统规划

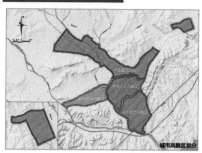

城市风貌区划分

传统人文风貌区：
以展现北票市传统老城风貌为主，打造尺度宜人，配套完善的传统风貌。

山水生态风貌区：
结合北票市高铁站，打造门户空间，生态山体与生活性公园以及驳岸绿地，展现北票魅力。

现代时尚风貌区：
位于台吉新城，主要体现新城的行政文化风貌区以及生态宜居住宅风貌区。

产业园区风貌区：
主要展现北票市的工业风貌，将工业风貌分为汽摩配产业与农产品加工产业，以及一些配套风貌区，体现北票市工业摇篮的地位。

传统人文风貌区

①后工业文化展示区
传统人文风貌区的核心，展现后工业文化，以工业遗址公园、后工业纪念广场为主。

②特色旅游商业区
主要接待外来游客，展现北票市传统街道风貌。

④现代文化展示区
滨河文化展示区，主要展现北票市现代文化风貌区。

⑤现代民族融合区
结合尹湛纳希现存文化，打造尹湛纳希民族文化风貌。

③传统商业聚集区
结合农贸市场以及老商业中心，展现老城传统商业业态。

⑥健康宜居住宅区
在老城北部打造健康宜居的住宅区。

山水生态风貌区

①门户空间展示区
以北票高铁站为依托，打造具有标志性的站前广场，以及部分商业服务设施。打造北票现代名片。

②生态滨水岸线区
结合生态滨水岸线以及滨水商业区，打造生态商业与景观为一体的生态休闲片区。

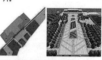

③南山生态保护区
结合南山山体，以保护南山生态为主，成为风貌区的至高点，打造多角度生态观景体验。

④人民公园休闲区
人民公园位于南山脚下，营造休闲广场，打造有活力的活动场所，营造城市活力空间。

现代时尚风貌区

工业园区风貌区

①现代产业园区
以汽摩配产业为主，建设现代化的产业园区，打造北票工业名片。

②创新服务商业区
为满足产业研发配套，穿插与产业园区之间，营造商务商业区。

③传统产业园区
以农产品加工为主，建设具有地域特色的传统产业园区。

④生态景观风貌区
为满足园区内的人群的休闲需求，结合河流建设生态休闲区。

①行政文化区
结合新市政府大楼以及市府广场，打造现代行政文化中心，营造城市活力片区。

②现代生态住宅区
增加住宅区内的活动场所和配套设施，营造现代生态宜居住宅片区。

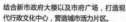

③绿色智慧产业区
绿色智慧产业园区以绿色循环产业为主，营造现代智慧产业园区。

④生态景观风貌区
以生态修复与活动公园为主，主要打造生态休闲的场所，为北票市民提供休闲的活动空间。

城市色彩规划

对现状全景照片进行马赛克，并提取其主色调，现状城市主要色调为米黄色，灰白色和砖红色。

□ 现状色彩评判

①现状整体色彩较为协调，以米黄色、灰白色以及砖红色为主。

②现状色彩风貌分区不明显，不同风貌区以及不同功能建筑的色彩区分不明显。

③现状部分商业街道广告牌色彩混乱。

□ 色彩规划原则

①与北票市城市自然环境、气候特点相适应；

②与老城区传统风貌建筑色彩相协调，体现地方文化特征和文化价值；

③与现代化新城建设风貌相符合，体现现代城市生活特色和生活尚的原则；

④整体和谐、丰富有序，标识性强。

□ 城市色彩规划

①确定城市主色调为米黄色、灰白色、砖红色三个暖色调，增加城市绿色与蓝色两个自然色彩，增加高明度低纯度的色彩。

②根据不同风貌分区对城市色彩进行分别规划。

③确定每个分区的主色调和辅色调。

④控制每个风貌区内主色调面积大于60%。

□ 城市色彩引导

居住建筑：应以浅暖色调为主，淡雅为主调。

行政办公建筑：低彩度的灰色或明度对比度高的冷色调，色彩以灰白、淡黄、淡蓝色为主调。

商业性场所：色彩应用可大胆、丰富尽可能营造热烈、亮丽的色彩氛围。沿街商业标识应严格管理。

广场设施：色彩选择应体现城市人文环境特色，广场地面的铺砌应体现地方特色，体现出稳重、大气、典雅的氛围。

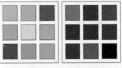

传统人文风貌区以米黄色、赫红色为主色调，辅色调采用明度彩度更高的色调。

山水生态风貌区以灰色、白色以及自然蓝绿色为主色调，辅色调采用明度彩度更高的色调。

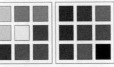

现代时尚风貌区以灰白色、藏蓝色为主色调，辅色调采用明度彩度更高的色调。

产业园区风貌区以灰色、白色以及米黄色为主色调，辅色调采用明度彩度更高的色调。

建筑高度规划

在总体规划对城市开发强度控制的基础上，为了实现建筑整体天际线与山体的协调关系，对规划范围内的建筑高度控制进行一定的引导。

> **建筑高度≤15米的街区**
> 主要包括一类居住用地、教育设施用地、物流仓储用地、市政设施用地以及部分滨河用地。

> **建筑高度≤30米的街区**
> 主要包括二类居住用地、小型商业设施用地、经济开发区产业用地。

> **建筑高度≤60米的街区**
> 主要包括二类居住用地、片区级商业设施用地、医疗设施用地等。

> **建筑高度在60米以上的街区**
> 主要包括行政文化用地、滨水重要节点、城市级商业集中用地等。

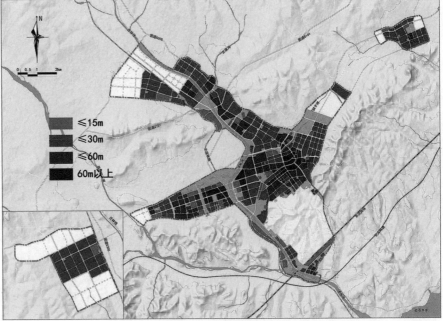

≤15m
≤30m
≤60m
60m以上

建筑高度布局图

开发强度规划

高强度开发区　该区域居住用地容积率控制在2.0以上；商业用地、行政办公用地容积率控制在2.5以上。

中高强度开发区　该区域商业用地、行政办公用地容积率控制在2.0~2.5之间；居住用地容积率控制在1.5~2.0之间。

中等强度开发区　该区域居住用地容积率控制在1.2~1.5；产业用地、教育科研用地、商业用地容积率控制在1.0~2.0之间。

低强度开发区　主要包括一类居住用地、中小学用地、旅游服务设施用地、物流园区用地、市政基础设施及其他用地，容积率控制在1.0以下。

高强度开发区
中高强度开发区
中等强度开发区
低强度开发区
绿地广场

开发强度规划图

总体空间布局

百年矿城，工业摇篮，花繁莺飞，故城川州

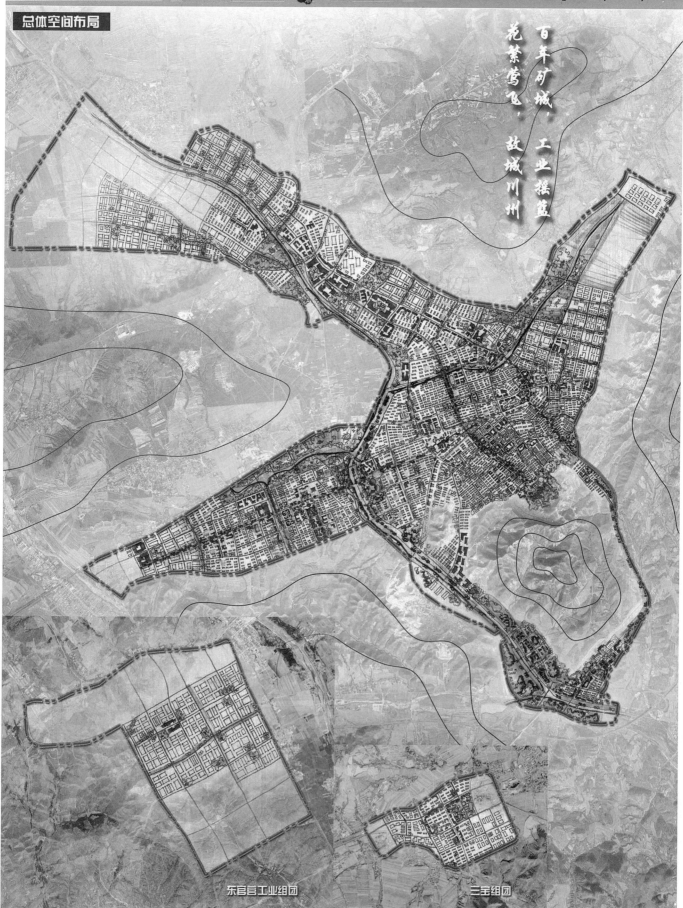

东官营工业组团

三宝组团

城市总体鸟瞰

城市设计选址

□ **风貌分区**

把控功能分区，开放空间位置、尺度，城市肌理。

□ **重要节点**

①后工业文化核心②高铁站站前广场③市府广场④三宝工业遗址公园
控制建筑形态、交通组织、开放空间详细设计。

□ **边界**

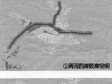

①凉河四岸驳岸空间

②慢行系统环道

主要控制廊道的步行空间详细设计，驳岸空间的详细设计。

□ **街道**

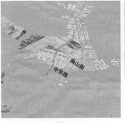

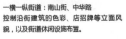

一横一纵街道：南山街、中华路
控制沿街建筑的色彩、店招牌等立面风貌，以及街道休闲设施布置。

□ **地标**

标志性空间融入在以上四大要素中，营造北票市特色魅力触媒空间。
建立地标与北票文化记忆之间的联系，增加空间识别性。

城市风貌分区

□ 传统人文风貌区

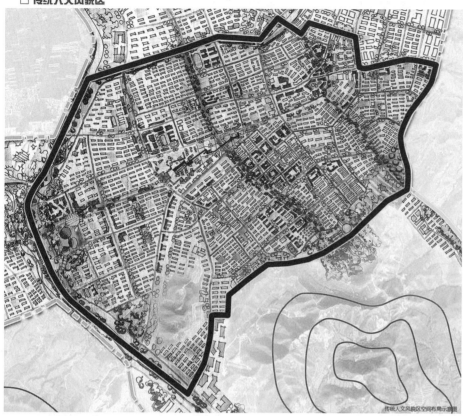

传统人文风貌区空间布局示意图

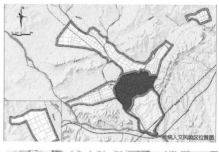

传统人文风貌区位置图

传统人文风貌区功能细分图

传统人文风貌区指位于城市休闲景观带及城市形象展示区之间的老城区。以展现北票市传统老城风貌为主，打造尺度宜人，配套完善的传统风貌。主要细分为以下六个风貌片区：

①后工业文化展示区：传统人文风貌区的核心，展现后工业文化，以工业遗址公园、后工业纪念广场为主。

②特色旅游商业区：主要接待外来游客，展现北票市传统街道风貌。

③传统商业聚集区：结合农贸市场以及老商业中心，展现老城传统商业业态。

④现代文化展示区：主要是滨河的文化展示片区，以展现北票市现代文化风貌为主。

⑤现代民族融合区：结合北票市的尹湛纳希现存文化，打造尹湛纳希民族文化风貌。

⑥健康宜居住宅区：在老城北部打造健康宜居的住宅区。

□ 现代时尚风貌区

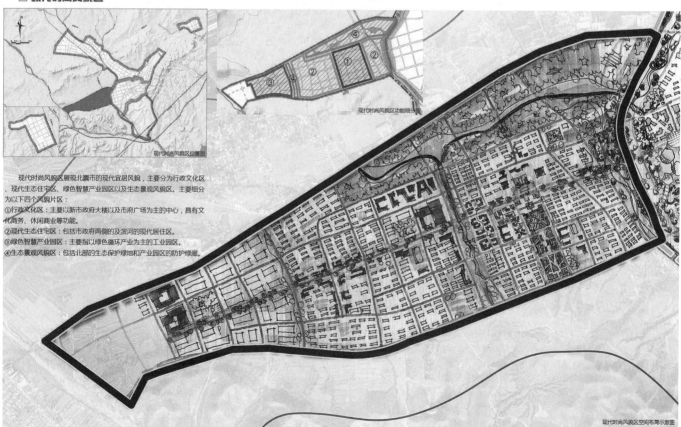

现代时尚风貌区位置图

现代时尚风貌区功能细分图

现代时尚风貌区空间布局示意图

现代时尚风貌区展现北票市的现代宜居风貌，主要分为行政文化区、现代生态住宅区、绿色智慧产业园区以及生态景观风貌区。主要细分为以下四个风貌片区：

①行政文化区：主要以新市政府大楼以及市府广场为主的中心，具有文化商务、休闲商业等功能。

②现代生态住宅区：包括市政府两侧的及滨河的现代居住区。

③绿色智慧产业园区：主要指以绿色循环产业为主的工业园区。

④生态景观风貌区：包括北部的生态保护绿地和产业园区的防护绿廊。

城市风貌分区

□ 山水生态风貌区

山水生态风貌区空间布局示意图

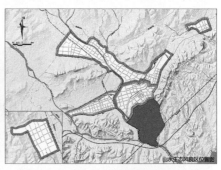

山水生态风貌区位置图

山水生态风貌区功能细分图

　　山水生态风貌区以自然生态风貌景观为主，主要细分为以下四个风貌片区：

①生活景观风貌区：以南山休闲公园为主。
②生态景观风貌区：以南山自然景观为主。
③滨水景观风貌区：以凉水河的滨河空间景观为主。
④城市门户空间展示区：以北票高铁站站前旅游和商业服务区域为主。

□ 工业园区风貌区

工业园区风貌区位置图

工业园区风貌区功能细分图

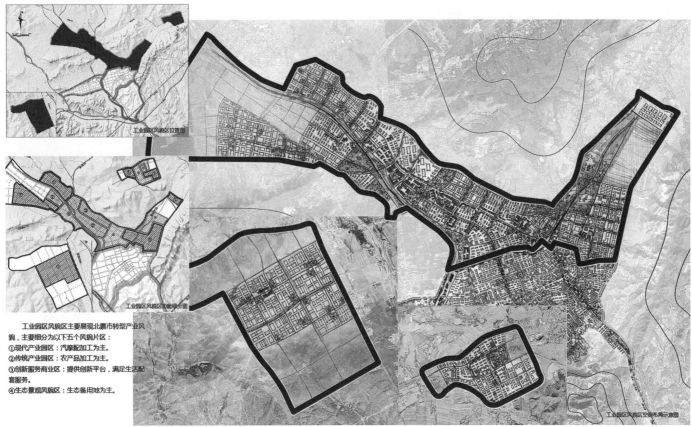

工业园区风貌区空间布局示意图

　　工业园区风貌区主要展现北票市转型产业风貌，主要细分为以下五个风貌片区：

①现代产业园区：汽摩配加工为主。
②传统产业园区：农产品加工为主。
③创新服务商业区：提供创新平台，满足生活配套服务。
④生态景观风貌区：生态备用地为主。

重点街道设计

□ 中华路——综合型街道

中华路A段改造意向图

中华路A段

（1）概况：

A段主要以毓水文化街为主，建筑风格多为新建的仿古建筑，街道可识别性较高，但街道趣味性较为缺乏，绿化不足。

（2）改造策略：

①增加行道树与街边绿化，协调景观与活动的需要。

②沿街设置停车场和自行车停靠点，避免车辆靠近建筑停放区，影响建筑前区行人的活动。

③鼓励连续种植高大乔木作为行道树，形成林荫道，提升城市形象与休憩空间品质。

中华路B段改造意向图

中华路B段

（1）概况：

B段主要以生活型商业服务设施为主，多以底商形式存在，还存在少数教育和行政设施，整体建筑退后较少，人行道宽度较小。B段包含两个转盘广场供市民活动，但尺度较大且休憩设施较缺乏。

（2）改造策略：

①提供满足各类居民活动需求的场所与设施。减少沿路停车，增加休憩与活动空间。

②布置较为亲切和多样化的绿化空间。

③为节省空间，绿化和休憩设施可以结合布置。

④增强转盘广场与道路人行道的联系，保证行人安全。

中华路C段改造意向图

中华路C段

（1）概况：

C段东侧主要是绿化和广场等开敞空间，西侧主要是商住混合类建筑和学校，总体来看街道界面不连续，存在多处开敞空间，最南端可到达北票市的南山公园。

（2）改造策略：

①在人行路径两侧都种植树木限定步行空间。

②休憩设施结合绿地广场设置，注意与两侧的开放空间衔接。

③通过多种方式增加街道绿量，发挥街道遮阴、滤尘、减噪等作用。

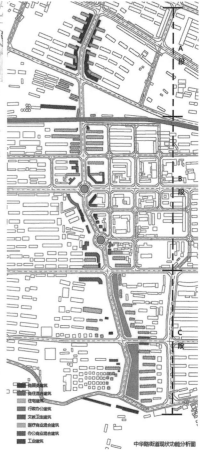

中华路街道现状功能分析图

□ 南山街——商业型街道

B段 ⋯ A段

南山街街道现状功能分析图

南山街所处位置

南山街A段

（1）概况：

A段是北票市级商业的聚集中心，主要是商业服务类建筑和少量办公建筑，人流量较大，居民休闲购物环境有待进一步改善。

（2）改造策略：

①保持空间紧凑，强化街道两侧活动联系。

②保证充足的步行休闲空间。

③低绿植化和高大绿植结合，进行空间和噪声隔离，提升活动舒适性。

④将北票的文化抽象符号，应用到商业牌匾设计上，使之风格统一。

⑤停车宜在街道两端布置，不影响街道大部分的步行活动。

南山街B段

（1）概况：

B段主要以商住混合类建筑和少量行政办公建筑为主，商业多为生活型商业设施。街道绿化较少，街道活力比A段弱，界面连续性较高。

（2）改造策略：

①休憩设施和绿化结合布置。

②布置明显、清晰、有地方特色的宣传标识和城市家具。

③合理布置停车，调节好停车与步行的关系。

南山街A段改造意向图

南山街B段改造意向图

节点一：后工业遗址核心设计

□ 区位分析

区位图1　　区位图2

后工业文化广场位于北票市中心城区的中心位置，由川州街、建设路以及废弃铁路线包围。

区位条件优越，向南为北票市最具特色的道路——中华路，向西为连通新城与旧城的主要通道——台吉大街，即北票市"一横一纵"两大发展轴的交点处，是老城区的重要核心空间。

□ 建设现状分析

基地由左侧热电厂、中部棚户区、右侧废弃地三部分组成，内部无主要道路，主要建筑集中于西侧热电厂，其他区域建筑较少，大多为单层平房，自然环境基础较差。

□ 建设现状分析

（1）环境杂乱：

热电厂与周边环境通过一堵低矮破旧的砖墙隔离，建筑高度西高东低，朝向混乱，地块内部肌理严重无序，与周边地块风貌无法协调。

（2）界面不整：

基地的空间界面不完整且连续性差。铁路线阻断了南北两侧的交通，基地与南部区域的联系较差。断裂的铁轨架在空中，可进入性却很差，整个界面缺乏规划。

（3）功能无序：

整个地块的利用率很低，内部功能以工业为主，与周边地块的功能联系较弱。基地的现状功能并不能满足其区位及资源的要求。

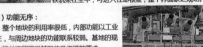

□ 总体规划解读

土地利用规划图

总规利用将热电厂的工业建筑以及构筑物，规划为工业遗址公园，并结合轴线规划工业主题纪念广场，并规划部分配套商业。

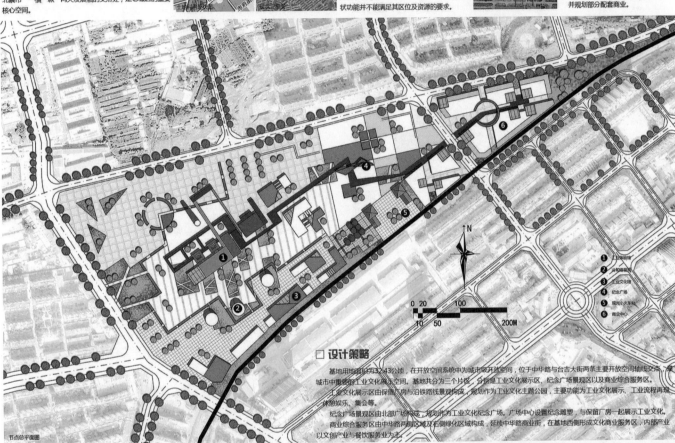

N

0　20　　　100
10　50　　　　200M

1　工业遗址公园
2　冰雪体验区
3　工业文化馆
4　纪念广场
5　观光小火车站
6　商业中心

节点总平面图

□ 设计策略

基地用地面积为32.43公顷，在开放空间系统中为城市级开放空间，位于中华路与台吉大街两条主要开放空间轴线交点，是城市中重要的工业文化展示空间。基地共分为三个片区，分别是工业文化展示区、纪念广场景观区以及商业综合服务区。

工业文化展示区由保留厂房与沿铁路线景观构成，规划作为工业文化主题公园，主要功能为工业文化展示、工业流程再现、休憩娱乐、集会等。

纪念广场景观区由北部广场构成，规划作为工业文化纪念广场。广场中心设置纪念雕塑，与保留厂房一起展示工业文化。

商业综合服务区由中华路两侧区域及右侧绿化区域构成，延续中华路商业街，在基地西侧形成文化商业服务区，内部产业以文创产业与餐饮服务业为主。

功能分区分析图

第五级公共空间
开放空间主轴线
开放空间网络及开放空间系统分析图

总鸟瞰示意图

节点二：三宝工业遗址公园设计

□ 区位分析

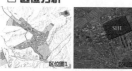

三宝工业遗址公园位于北票市东北角的三宝组团中心，位于北房线南侧，通过北房线与老城区便捷联系。

□ 现状建设分析

三宝工矿遗址公园是原煤矿厂旧址，现遗留有大量厂房、烟囱以及水塔等工业风格浓厚的建筑物及构筑物。

□ 保留建筑分析

基地内大量有大量厂房，但是建筑质量不够好，因此，在规划时，选择保留部分厂房以及主要的工业设施包括烟囱、竖井、水塔、洗煤楼等特色工业设施。

□ 总体规划解读

上位规划将基地规划为工业遗址公园，在基地西侧和北侧规划一定规模的商业用地，服务周边居民和外来游客。

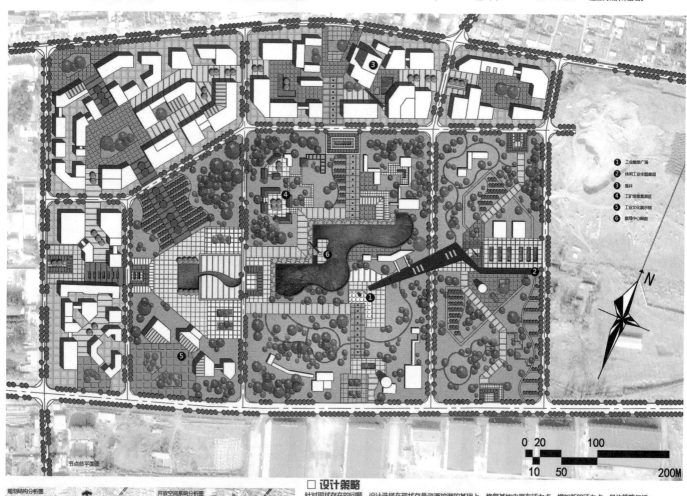

① 工业雕塑广场
② 休闲工业主题廊道
③ 竖井
④ 工矿场景复原区
⑤ 工业文化展示馆
⑥ 景观中心湖面

0 20 100
10 50 200M

节点总平面图

□ 设计策略

针对现状存在的问题，设计选择在现状存量资源挖潜的基础上，修复基地内原有活力点，增加新的活力点。具体策略包括：
①结合上位规划，复合基地用地功能，将工厂旧址修改为遗址公园，并增加部分商业。
②综合分析基地内建筑质量、建筑高度、建筑功能以及建筑价值，保留部分建筑，增加部分建筑，改善基地内建筑肌理。
③增加设计更多的公共活动空间以及工业文化展示空间，吸引更多人流，增加基地活力。
④结合基地内保留工业设施，调整基地内的景观结构，增加基地内的公共绿地。

规划结构分析图　开放空间系统分析图

功能分区分析图

商业服务区
工业文化展示区　工矿场景复原区　工业主题公园

鸟瞰示意图

节点三：高铁站前片区设计

□ 区位分析

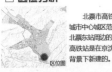

北票市高铁站前片区位于城市中心城区范围南部，包含了北票东站周边的大部分用地，该高铁站是在京沈高铁开通的大背景下新建的。

区位图

□ 现状建设分析

高铁站前现状多以三类居住用地，裸地为主，同时零散的分布有一些沿街商业。站前广场初具规模。

□ 总体规划解读

规划主要将站前片区规划为旅游配套服务，主要是配套商业、娱乐康体以及部分居住与行政办公用地。此外，还有部分滨水以及站前的绿地。

土地利用规划图

节点总平面图

① 高铁站前广场　⑥ 特色民宿
② 文化属云塔　　⑦ 传统商业街
③ 娱乐综合体　　⑧ 滨河亲水平台
④ 观光小火车站点
⑤ 游客服务中心

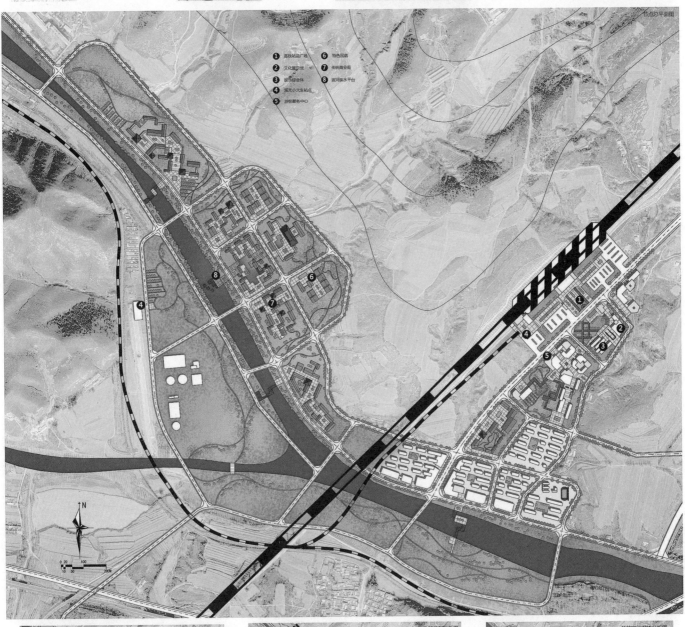

N

0 20 100 200m

景观结构分析图

山体景观渗透

站前景观轴

观光小火车线路

滨水景观带

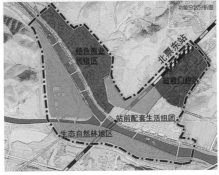

功能分区分析图

特色商业购物区

北票东站

故城门户区

站前配套生活组团

生态自然林地区

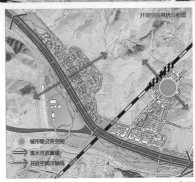

开放空间系统分析图

城市级公共空间

滨水开放童廊

开放空间次轴线

节点三：高铁站前片区设计

□ 站前旅游服务组团设计

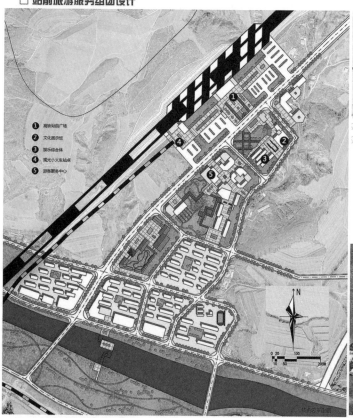

① 高铁站前广场
② 文化展示廊
③ 娱乐综合体
④ 观光小火车站点
⑤ 游客服务中心

慢行分区规划图

慢行一般区
慢行拓展区
慢行一般区
慢行拓展区
慢行核心区

慢行步道规划图

商业慢行步道
滨水慢行步道
林间慢行步道

□ 设计策略

根据总体规划等相关规划对高铁站前片区的用地功能和性质的定位，同时参照高铁站前区域在整个北票市慢行环道中所处的位置，规划将站前正对的广场和绿地轴线作为重点慢行步道，将站前打造成城市新名片，使慢行系统与开敞空间、公共建筑以及景观融为一体，强化轴线序列感。将城市废弃的铁路沿线打造成城市观光小火车，并将线路的南端向东延伸至高铁站前区域，与站前轴线和绿地内的慢行步道相连，便于游客的换乘和接驳。

鸟瞰示意图

□ 站前西部配套组团设计

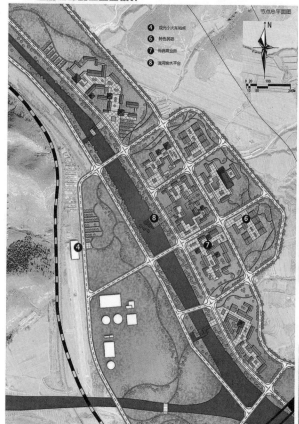

节点总平面图

④ 观光小火车站点
⑥ 特色街区
⑦ 传统建筑群
⑧ 滨河亲水平台

□ 设计策略

站前片区的西部组团北依南山、南临凉水河，主要业态是站前的商业类服务配套设施，规划中以减量规划为主，严格控制建筑的高度和尺度，力求与自然山水相协调。打造适宜步行的娱乐和购物尺度，同时保证用地的外向型，使本地居民和游客都能便捷的参与到场所中，使山景、水景充分渗透。

意向图

节点四：市府广场详细设计

□ 区位分析

区位图

市府广场片区位于北票市台吉新城的新市政府大楼前。

□ 现状建设分析

现状卫星图

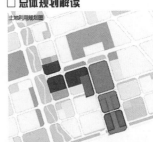

现状建筑少，以低矮的平房和废弃土地为主，建筑高度较低。地块内绿化状况差，美观程度低。

□ 总体规划解读

土地利用规划图

北票市总体规划将这块地规划为集商业、商务办公、文化展示、公共绿地为一体的综合地块。

① 高铁站前广场
② 文化展示馆
③ 联手综合体
④ 城际小火车站点
⑤ 商务服务中心
⑥ 特色绿地
⑦ 传统商业街

节点总平面图

□ 设计策略

　　设计中延伸了市政府广场前南北向中心轴线，形成连通山体的视线通廊，并由中心广场延伸出东西向轴线至水边，打造滨河景观空间。设计将地块分为四个功能区，分别为中心景观区、文化广场区、文化商业区以及滨水商业区。

中心景观区：由中心广场与公园构成，与市府广场一起形成宽阔开放的空间序列。

文化广场区：由文化与商务建筑组成，中心延伸公园景观，形成绿色廊道。

文化商业区：由商业类建筑与创意文化建筑组成，形成灵活多变的广场空间。

滨水商业区：以仿古商业建筑为主，营造沿河景观步道，优化滨水体验。

功能分区分析图

开放空间系统分析图

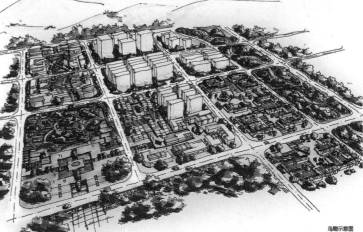

鸟瞰示意图

边界一：两河四岸滨水空间设计

□ 区位分析

整个滨水岸线分为生态护岸和生活护岸，滨水岸线城市设计选择典型的生活护岸——凉水河与东官河以及台吉河相交汇的河段岸空间以及河岸两侧部分建设用地。

□ 现状建设分析

河流西侧现状为新建居住区，东侧为空地，东侧驳岸空间修建简单的步道和公园，河岸两侧联系不强，河流将两岸用地割裂。

□ 总体规划解读

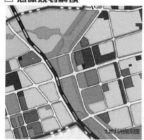

总体规划将河流西侧主要规划为居住小区，河流东侧为综合型用地，包括商务商业、文化展示、居住用地和广场绿地。凉水河与台吉河交汇的地方为生态湿地。

□ 整体岸线规划

将河流两侧岸线根据功能分区分为生态护岸和生活护岸。

节点总平面图

N

1 北票之窗观天祭
2 滨水市民活动中心
3 文化展示中心
4 亲水木栈道
5 商业中心

□ 设计策略

设计地块面积294公顷，河流两岸用地性质多为居住，有少量商业设施用地和文化设施用地。

凉水河与东官河两岸均为连续的以休闲游憩为主的公共开放空间，台吉河入河口依托山脚生态绿地，修建湿地公园，控制开发总量。结合本段滨水驳岸空间打造北票市最具代表性的城市滨河开敞空间形象。根据上位规划和河流走向，确定规划结构为："一带两轴两视廊四片区多节点"。

一带：滨河景观带，沿滨河两岸打造。两轴：打造联系城市新老城区的城市主轴和东侧居住片区的景观轴线。

两视廊：打造西北向河流景观视廊和西南向的河流景观视廊与山景渗透。

四片区：以文化展示为主的文化展示区；以商务商业为主的商业聚集区；以居住为主的休闲宜居区；以及沿河的公园绿地区。

多节点：沿滨河空间以及主要轴线、景观视廊等打造景观节点。通过主轴线将各具特色的功能分区串联成一个充满活力的滨河复合功能区，同时加强了台吉组团和老城区之间的交流联系。

规划结构分析图　　　　功能分区分析图　　　　开放空间系统分析图

鸟瞰示意图

边界二：城市慢行环道设计

□ 区位分析

玉石产业园片区位于中华路与黄杖子河相交处，是中华路由南向北经过工业遗址工园后的另一个重要节点，同时也是城市慢行景观环道上的重要慢行节点。

□ 总体规划解读

城市总体规划将黄杖子河北侧规划为商业与居住用地以及公共绿地，河流南侧主要为学校用地。

□ 总体规划解读

城市慢行休闲环道是城市规划结构中重要的组成部分，玉石产业园区位于慢行环道以及城市自行车道规划中的重要节点，因此进行详细规划设计。

图例：
1. 玉石商业街
2. 玉石加工园区
3. 社会福利院
4. 林河慢行步道
5. 亲水平台
6. 北票市第一小学
7. 北票市第一小学

□ 设计策略

玉石产业园片区紧邻北票市新客运站，因此是北票市的城市形象展示片区；玉石是北票市的特色之一，因此本片区也是城市文化展示片区。黄杖子河现状水量较为匮乏，水体环境较差，水体呈沟渠式。滨水地带两侧均有绿植带，但无步行空间，并有管道通过。在规划滨河步道和慢行节点时需要同时对河流进行改善和生态修复工作。

本片区位于城市主轴线中华路向北经过工业遗址公园继续向北延伸的必经之路，同时也是黄杖子河沿线的重要节点，是城市新市镇片区的核心节点。在规划时，要注意人行流线的连续性和系统性，在主要的人流来向处设置入口标志性广场。

规划将片区内黄杖子河北岸打造为集玉石加工、展示、销售于一体的产业园区。同时，玉石作为北票的特色象征之一，因此本片区也将成为城市特色名片之一。在玉石产业园区东侧是城市的片区级绿地公园，规划将该公园与黄杖子河沿岸绿带统一进行规划，作为慢行环道的重要节点，规划水岸步行道、林间步道和休憩小品设施，增强慢行系统的趣味性和可识别性。

转型与更新 北票市总体城市设计
MASTER URBAN DESIGN OF BEIPIAO CITY

龙骨赤玉藏，铁脉墨石生。青山白水里，居者乐悠然。

学校介绍--北京建筑大学

基本信息

北京建筑大学是北京地区唯一一所建筑类高等学校，是北京市和住房城乡建设部共建高校，是一所具有鲜明建筑特色、以工为主的多科性大学，是"北京城市规划、建设、管理的人才培养基地和科技服务基地"。学校源于1907年清政府成立的京师初等工业学堂，1933年更名为北平市市立高级职业学校，后历经北京市市立工业学校、北京市建筑专科学校、北京市土木建筑工程学校、北京建筑工程学校、北京建筑工程学院等发展阶段，2013年经教育部批准更名为北京建筑大学。学校1977年恢复本科招生，1982年被确定为国家首批学士学位授予高校，1986年获准为硕士学位授予单位。2012年成为博士人才培养项目单位。2014年获批设立"建筑学"博士后科研流动站。2018年建筑学、土木工程获批一级学科博士学位授权点。

北京建筑大学设计团队

方案特色

1、对城市解读。分别聚焦文化特色（传承与创新）与聚焦人本生活需求（打造山水田园、发展绿色经济、体验亲山近水、提供舒适交通、织补公共空间、营造社区氛围）为策略。同时对城市的空间形态与控制实施进行引导、及重点节点展示。

2、最终形成北票——龙骨赤玉藏，铁脉墨石生，青山白水里，居者乐悠然地发展格局。

辅导教师

导师：栾玥芳

联合毕业设计促进了我校跟渤海湾周边地区规划类院校的合作与交流，在交流过程中师生共同进步。我们在互相学习过程中，促进了各高校城乡规划专业的教学水平以及合作能力。在2019年度的联合毕设实践过程中，我们开始关注东北地区收缩型城市发展动力机制以及城市历史文脉延续，通过校际联合毕业设计的教学形式，我们有机会看到不同的城市类型，也开始关注不同类型城市的空间发展解决方案。

希望我们渤海湾周边地区的规划类院校校际联合教学活动能够持续下去，并希望我们各高校师生友谊长存。

导师：张云樺

很高兴能跟同学们一起研究一个城市。同学们思维活跃，表现出很强的创造力。设计城市就是设计生活，希望同学们收获的不仅是知识和技能，还应该包括对城市对生活的感悟。

学生成员

学生：吴琪

此次毕业设计是一次对总体城市设计的全面学习；在与不同学校的交流中是对自己的合作能力和知识水平的检验。在设计中自己与北票的不断对话和了解中，找到城市的文化与特色，并在物质空间上梳理更新。是在大学五年中一个难忘的记忆，祝福大家与自己一切顺利。

学生：陈开文

经过团队一学期的努力，毕业设计取得了很好的结果。这次总体城市设计是我们以前并未接触过的，因此，我感受到最深的是团队的力量，在面临众多困难时，每个人都勇于去一个一个解决它，这是我们出色完成设计的关键因素。我也因此认识到，只有勇于克服困难，才能真正提升自我。

学生：程闻艺

此次北票市总体城市设计，作为一种我们从未接触过的设计类型，为我的大学生活画上了完美的句号。经历过这次总体城市设计，使我意识城市设计应该以人为本，设计不应流于表面。千城一面、毫无特色的城市景观更会使居民缺乏认同感。一个好的城市应该是城与自然和谐共生，一个好的总体城市设计要有人在城中走，城在画中游的感受。

学生：刘雪洋

此次毕业设计给此北建大五年的生活和学习划上了较为满意的句号。回顾这次总体城市设计的过程，总结起来是难易并存。难在我们未做过这种类型的设计，对我们对所学知识的综合与归纳提出了很高的要求；易在我们是团队工作，大家相互取经相互补短，最终可以实现社交和业务素质上的提高。

学生：曲节羽

经过一学期的努力，我们为自己的大学生涯画上一个完美的句号。在这次毕业设计中也使我们的同学关系更进一步，同学之间互相帮助，有什么不懂的大家在一起商量，听听不同的看法对我们更好的理解知识，并得出一个结论：知识必须通过应用才能实现其价值。有些东西以为学会了，但真正到用的时候才发现是两回事。感谢老师与同学们的指导与陪伴。

学生：张皓铭

漫长而又短暂的大学生涯即将结束，匆匆时光里总有一些值得记忆与回味的时刻存在并深深保留下烙印的痕迹。此次毕业设计是所有回忆中我认为最难忘的记忆。在设计过程中，我通过查阅大量有关资料，与同学交流经验和自学，并向老师请教等方式，使自己学到了不少知识，也经历了不少艰辛，但收获同样巨大。感谢同学之间的互相帮助，老师们的悉心指导和关怀，使得我们能够交上一份满意的答卷。

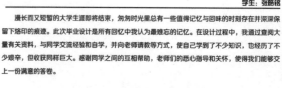

转型与更新 北票市总体城市设计
MASTER URBAN DESIGN OF BEIPIAO CITY

龙骨赤玉藏，铁脉墨石生。青山白水里，居者乐悠然。

背景研究

城市战略发展机遇

总体规划定位

城市性质为：全国化石文化名城；北方重要的环保装备制造业基地；北方重要的生态文化旅游目的地；辽西地区重要增长极。

城市发展职能主要包括化石文化旅游职能、绿色经济发展职能和生态建设职能。

规划中心城区形成"一主两副、双轴双城、五组团"的中心城区空间结构。

重大交通设施机遇

京沈高铁是国家铁路"十二五"规划提上日程的重大项目。全长697.6公里，京沈高铁在朝阳市共设4站，其中在北票市中心城区南部凉水河乡设北票高铁站。

京沈客运专线是中国"四纵四横"客运专线网的重要组成部分，无疑将推动北票市的经济区位显著提升。

城市空间调控机遇

收缩型城市

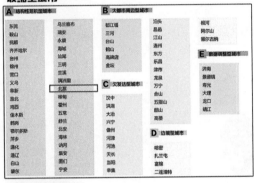

国家发改委发布《2019年新型城镇化建设重点任务》，首提收缩型城市。

收缩型城市普遍具有人口流失、二产占比较高而三产占比低、工资水平低和老龄化程度高等特点。

资源枯竭型城市

所在省（区市）	首批12座	第二批32座	第三批25座	大小兴安特克各参照享受政策城市9座	所在省（区市）	首批12座	第二批32座	第三批25座
河北		下花园区 庞家堡矿区	井陉矿区		江西	萍乡市	景德镇市	新余市 大余县
山西		孝义市	霍州市 乌海市 石嘴山市	牙克石市 额尔古纳市	山东		枣庄市	新泰市 淄博市
内蒙古		阿尔山市		鄂伦春旗 扎兰屯市	河南	焦作市	灵宝市	松阳市
					湖北	大冶市	黄石市 潜江市 钟祥市	松滋市
	阜新市 盘锦市	抚顺市	北票市		湖南		资兴市 冷水江市 耒阳市	涟源市 常宁市
辽宁		辽阳市 南票区	弓长岭区	二道江区	广东		合山市	韶关市 平桂管理区
					广西			昌江区
吉林	辽源市 白山市	九台市 敦化市	二道江区 汪清县		海南		万盛区 华蓥市	南川区 泸州市
	伊春市 大兴安岭地区	七台河市 五大连池市	赣州市 双鸭山市	进荒县	四川 贵州		个旧市	潼关县
黑龙江			嘉峪关市 铁力市		云南 陕西 甘肃		铜川市 白银市	潼关县 玉门市 红古区

国务院于2009年公布第二批资源枯竭性城市名单，北票位列其中。

资源枯竭型城市，具有四大共性特点：

一是随着资源枯竭，产业效益下降；

二是产业结构单一，资源产业萎缩，替代产业尚未形成；

三是经济总量不足，地方财力薄弱；

四是大量职工收入低于全国城市居民人均水平。

城市解读

城市区位条件

地理区位

辽西，朝阳市　　　　县级市—北票市

北票市地处亚沿海地区，其位于辽宁省西部，朝阳市东北部，是隶属朝阳市的县级市，古称"川州"。其行政区划总面积约4469平方公里。北票北和西北与内蒙古自治区接壤，东临阜新县，南及东南部与锦州市毗邻，西南与朝阳县交界。

1.城市风环境

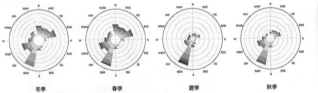

冬季　　　　春季　　　　夏季　　　　秋季

北票常年以西南风为主。其中，春夏两季风沙较大，多干旱。因其地处四座山相夹的山谷地带，因而风向以山谷风为主，为西南风与东北风，城市内风速较大。

秋季城市内风速较小，但基本仍以西南风为主。

春季城市内风沙大，各方向风速均保持较高水平，城市内主要以西南、东北的山谷风为主。

冬季城市内风向较为平均，风速较小。主要风向为西南风。

2.城市气候环境

城市全年干球温度

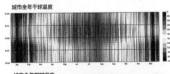

城市全年相对湿度

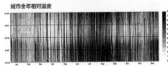

北票市属中温带亚湿润区季风型大陆性气候。温差大，积温高，四季分v明。年平均气温8.6℃。

一月平均气温-11.1℃，最低气温-26.6℃；七月平均气温24.7℃，最高气温40.7℃。

年平均降水量509毫米（半干旱250mm~500mm），降水集中在夏季。无霜期153天左右。年平均日照2734小时。

因常年风沙少，山谷地区水资源短缺等特点，城市较为干旱。

工作框架

```
转型与更新 — 北票市总体城市设计
        ↓
战略发展机遇与上位区域指导
        ↓
      城市解读
┌──────────┬──────────┬──────────┐
│城市区位条件│ 城市经济 │ 城市现状 │
│地理、旅游、│产业发展、│地形地貌、历史│
│交通       │人口结构  │文化、生态、用│
│          │          │地、交通、景观、│
│          │          │公共空间     │
        ↓
    问题与挑战
┌──────────────┬──────────────────────────┐
│城市历史环境衰落│        生活环境百废待兴        │
├──────┬──────┼────┬────┬────┬────┬────┬────┤
│城市历史│城市精神│生态环│产业亟│空间失│交通组│活动空│人才流│
│特色空间│缺乏归 │境脆弱│待转型│衡蔓延│织混乱│间匮乏│失与老│
│消失   │属感、 │      │      │      │      │      │龄化  │
│       │自豪感 │      │      │      │      │      │      │
        ↓
      总体设计
城市总体结构 — 城市意象与城市格局
┌──────────────┬──────────────────────┐
│聚焦城市文化特色│      聚焦人本生活需求      │
├──────┬──────┼────┬────┬────┬────┬────┬────┤
│历史文化│创新文化│生态环│产业亟│空间失│交通组│活动空│人才流│
│传承   │发展   │境脆弱│待转型│衡蔓延│织混乱│间匮乏│失与老│
│       │       │      │      │      │      │      │龄化  │
        ↓
    节点空间设计
┌──────┬──────┬──────┬──────┬──────┐
│历史人文│龙鸟化石│鸿翔未来│亲山近水│煤矿工人│熟人社会│
│之城   │之都   │之乡   │之田   │之里   │之镇  │
        ↓
    空间控制引导
┌──────────┬──────────┐
│空间形态引导│控制实施引导│
```

龙骨赤玉藏，铁脉墨石生。青山白水里，居者乐悠然。

城市经济

北票总体经济状况

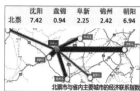

	沈阳	盘锦	阜新	锦州	朝阳
北票	7.42	0.94	2.25	2.42	6.94

北票市与省内主要城市的经济联系指数

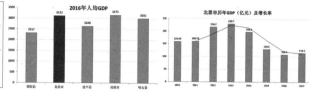

2016年人均GDP

北票市历年GDP（亿元）及增长率

1.北票与省内区域经济联系

沈阳已成为与北票市经济联系最密切的城市。北票与辽西城镇群：重要战略支点、环保及能源基地、文化符号地标。

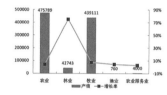

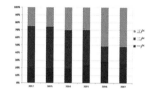

2.GDP

北票市的GDP总量和人均GDP在朝阳市处于上游水平，但近年来增速持续降低。

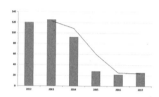

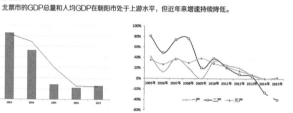

北票市种植业种植作物面积比例

2013年北票市上交税金行业构成

2013年北票市工业总产值行业构成

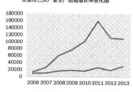

北票市采矿业及制造业企业上交税金变动情况

3.一产

目前，农业以种植业和牧业为主，近年来林业发展有新增长。

设施农业规模扩大，特色农业稳步发展，番茄、红干椒获得国家农产品地理标志，金丝王枣、绿豆粉丝被评为国家农产品地理标志保护产品。

4.二产

二产比重逐年降低，但仍为主要增长动力

产业结构二产占比逐渐降低，三次增大，工业未强先衰。

近年来，二产对GDP的贡献率持续降低，三产对GDP贡献率持续上升。

工业门类单一，低端产业、低附加值产业和低层次技术为主。

受矿业经济的萧条影响，近年来北票市经济发展呈现出的明显放缓的趋势。

2014年，大量铁矿开采企业减产、煤矿开采企业停产，城市工业总产值出现明显的下行拐点。

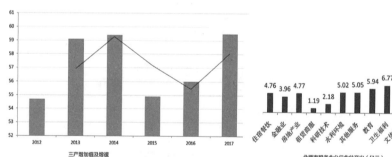

三产增加值及增速

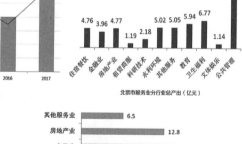

北票市服务业分行业总产出（亿元）

5.三产

三产占比逐年上升，成为新兴经济增长方式

受旅游处于起步阶段，增速较快。

旅游业近年来占比不断提升，自然及人文景观丰富。

旅游业方兴未艾，众多旅游景区正在建设。

传统服务业为主，现代服务业不发达，但服务业增速势头良好。

服务业以公共管理、批发零售、卫生福利等公共服务和传统服务业为主，服务业处于起步阶段。

服务业增长速度远高于工业增速，金融业、房地产业、住宿餐饮业等。服务行业去年增长较快。

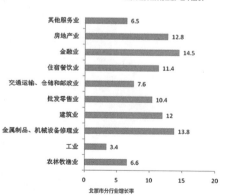

其他服务业	6.5
房地产业	12.8
金融业	14.5
住宿餐饮业	11.4
交通运输、仓储和邮政业	7.6
批发零售业	10.4
建筑业	12
金属制品、机械设备修理业	13.8
工业	3.4
农林牧渔业	6.6

北票市分行业增长率

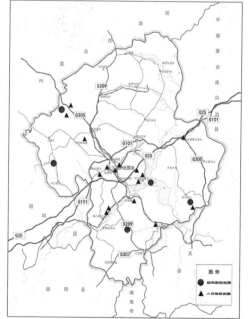

北票市旅游资源图

转型与更新 北票市总体城市设计
MASTER URBAN DESIGN OF BEIPIAO CITY

龙骨赤玉藏，铁脉墨石生。青山白水里，居者乐悠然。

城市经济

北票人口结构特点

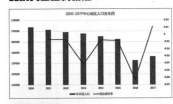

(1) 中心城区人口逐年减少，机械增长占主导。

人口总量：2016年北票县中心城区户籍人口15.81万人。

户籍人口增长：年均综合增长率2010~2017年-11.79‰，2013~2017年为-16.24‰。2011~2017年年均自然增长率0.87‰，机械增长率负值。

年份	0-14岁(%)	15-64岁(%)	65岁以上(%)	总抚养比(%)	少年抚养比(%)	老年抚养比(%)
六普(2010年)	9.46	78.02	12.52	28.19	12.13	17.06
朝阳市六普	15.61	74.51	9.88	34.21	20.94	13.27
辽宁省六普	11.42	78.26	10.32	27.76	14.59	13.17
全国六普	16.6	74.53	8.87	34.17	22.27	11.9

(2) 正步入老龄化社会，仍处于人口"红利"期。2010年北票市65岁以上老人占比12.52%，已步入老龄化社会。(六普数据)15-64岁年龄段人口占78.02%，总抚养比28.19%，劳动力年龄人口充足。

(3) 中心城区在城镇化中发挥着重要作用。2017年北票市城镇化水平32.50%，中心城区承担承担县域82.80%左右城镇人口。

城市现状

城市地貌现状

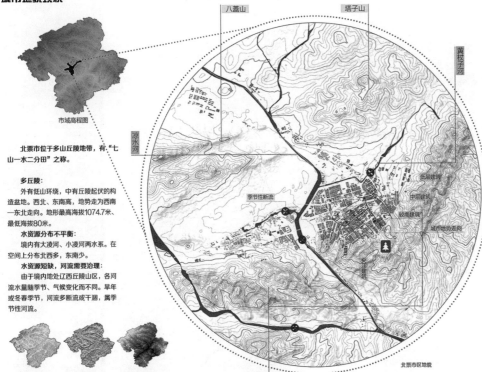

八盖山　塔子山　黄杖子河　凉水河　冠山

市域高程图

北票市区地貌

北票市位于多山丘陵地带，有"七山一水二分田"之称。

多丘陵：
外有低山环绕，中有丘陵起伏的构造盆地。西北、东南高，地势走西南一东北走向。地形最高海拔1074.7米、最低海拔80米。

水资源分布不平衡：
境内有大凌河、小凌河两水系。在空间上分布北西多，东南少。

水资源短缺，河流需要治理：
由于境内地处辽西红陵山区，各河流水量随季节、气候变化而不同。早年或冬春季节，河流多断流或干涸，属季节性河流。

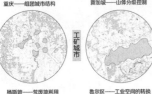

市域坡向图　市域坡度图　市域水体分布图

城市地理环境对比

山地城市
重庆——组团城市结构
新加坡——山体分级控制

工矿城市
杨斯敦——荒废地利用
鲁尔区——工业空间的转换

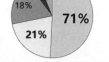

丘陵　山地　平川　沟壑　河流

71%　21%　18%　6%

北票——山谷中的城市

城区位于三片山脉中的山谷地带，城市形态成东西向带状，以市镇形式向南北向延伸。其中冠山山脉绵延最长，包含西冠山及靠近城区的冠山主山脉，最高海拔超过300米，北侧丘陵较低。

北票城区地势上的特点：

坡度：市区老城部分区域位于城东南的三黑山坡上，高程变化大，形成城市一块坡度较大区域。

北票城区地貌结构——三山环绕，二水穿城

三山环绕：
市区南北两侧均有平均海拔200米丘，山势走向均为东西向。城市在四片山脉中成十字形带状分布。其中城东有海拔超过300米的冠山，其山势绵延长，其南端为已开发的南山公园。

二水穿城：
市区内有南北向凉水河、东西向黄杖子河。两条河交汇于老城区西南。河流均为季节性河流，存在断流现象。

土地利用现状

1.城市肌理分析

北票背山面水而建，决定了其"山-水-城"的总体城市格局，城市肌理主要呈不规则的带状和块状，并出现了飞地。

在老城中心除棚户区和小区肌理外，仍有一部分村落肌理存在，出现了城中村的现象。

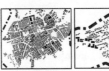

案例借鉴
北票拥有良好的地质资源，因其过去工矿城市的特点，形成的带状城市也能更好地将城市与自然环境相融合，在设计中应借鉴对应案例。

山地城市：
注重划定生态控制边界，限制城市形态蔓延；注重山体开发的梯度建设，注重山体轮廓线与城市环境的融合。

工矿城市：
对城市闲置地，沉陷区等进行建设等级划分，针对不同建设条件区域进行如生态修复，低影响建设等分级开发；对城市风貌区进行控制，在组团间划分相应的生态隔离区，让城市"建于自然中"。

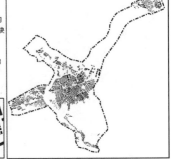

县城职能不完善，绿地、公共服务、安全、市政等基础设施严重缺乏，大部分工业处在飞地中，城市功能亟待提升。

公共服务设施用地：文化、体育、社会福利设施严重不足，且空间分布不均，多集中在老城区，部分公共服务设施已废弃，公服设施建设及服务水平均较低；

2.城市用地现状

中心城区现状总建设用地约23.41平方公里，用地规模基本饱和，足以达到人口年均增长率的要求。

中心城区现状人口18.89万人，人均用地规模过大，现状与上版总规现状相比，城市仍在向周边蔓延。

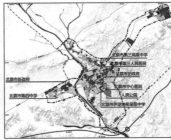

北票市第三高级中学
北票市第三人民医院
北票市中心医院
北票市新政府
北票市第四中学
人民公园
北票市伊斯兰高级中学

用地名称	面积	占比	人均
	53.85	2.30%	2.83
	1.46	0.06%	0.08
	70.23	3.00%	3.7
	5.2	0.22%	0.27
	9.24	0.39%	0.49
	2.98	0.13%	0.16
	1.15	0.05%	0.06

用地名称	面积	占比	人均
居住用地	1030.65	44.02%	54.24
公共管理与公共服务设施用地	144.11	6.15%	7.58
商业服务业设施用地	114.28	4.88%	6.01
工业用地	550.74	23.52%	28.99
道路与交通设施用地	254.26	10.86%	13.38
公用设施用地	59.83	2.56%	3.15
绿地与广场用地	144	6.15%	7.58

转型与更新 北票市总体城市设计
MASTER URBAN DESIGN OF BEIPIAO CITY

龙骨赤玉藏，铁脉墨石生。青山白水里，居者乐悠然。

城市现状

景观风貌

1.景观视廊
将多样化的景点串联成线，视线通廊的宽度结合主要城市道路、绿化空间和空间尺度而定，避免眺望空间北阻挡。

2.水岸景观
通过建筑的高度控制与建筑序列排布，在河道与山体之间能够形成空间上的视觉联系。人在运动过程中感受到城市中山的韵律。

3.绿化景观
在城市各片区内，通过城市景观节点的拉力关联，使视点与景点之间形成景观廊道，并与现状水面合理衔接。

交通系统现状

1.市域交通现状
国家公路3条——G25长深高速公路、G101京沈线、G305庄林线；省级公路3条——S209、S304、S307；县道7条，乡道39条。行政村通油路率和通班车率都达到100%。

原有锦承、北金和北宝铁路3条普通铁路，京沈高铁和京沈盘营联络线两条高速铁路建设中。

图例
高速公路
国道
省道
县道

马友营互通
客运汽车总站
北票互通
北票东站
北票南站

图例
高铁
普通铁路

北宝铁路
京沈高铁
锦承铁路
巴图营站

2.中心城区交通现状
北票市城市道路网主要由中心城区不规则的栅格网式和由中心城区往周围乡镇的放射性的道路组成。

北票市路级结构失衡，现状道路网主干路、次干路和支路的级配为1：0.36：0.82。而北票市的现状路网功能级配为倒金字塔形，严重制约和影响北票市道路网的交通效能。

图 例
主干路
次干路
支路
国道
省道
乡镇路
高速路
铁路
高速铁路
高速路入口
公交站点
社会停车场
中心城区界

历史文化资源

1.时间轴线

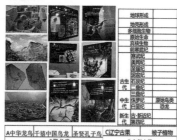

地球形成	
地形形成	
多细胞生物	
真核生物	
	前寒武纪
	寒武纪
	奥陶纪
	志留纪
古生代	泥盆纪
	石炭纪
	二叠纪
	三叠纪
中生代	侏罗纪 原始鸟类
	白垩纪 恐龙
新生代	古-新近纪
	第四纪

A中华龙鸟	千禧中国鸟龙	圣贤孔子鸟	辽宁古果	
	B翼龙类		D中华古果	被子植物

3.空间轴线
通过对上述历史文化的总结，对清代以来的历史文化点位进行空间上的绘制整理，最后形成六大文化空间。

(1)化石文化区域 (2)煤矿文化区域 (3)火车文化区域
(4)老商场街乡区域 (5)山川河流区域 (6)居住生活区域

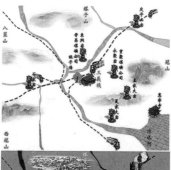
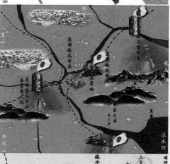

2.精品资源化石

化石文化

中生代	侏罗纪	原始鸟类	A中华龙鸟 B千禧中国鸟龙 C圣贤孔子鸟 DB翼龙类
	白垩纪	恐龙	

被子植物	E辽宁古果
	F中华古果

红山文化
——Y台山遗址、虎后山遗址
北票有正式发掘的白石水库红山遗址以和民间收藏的许多红山玉器。

冀家店下层文化
——丰下遗址、康家屯城址
丰下遗址1972年辽宁省神物保护单位，康家屯石城址1997年开始发掘，发现面积1.5万平方米。发掘面积4000多平方米。

鲜卑文化
——喇嘛洞鲜卑族贵族墓地
鲜卑出西坡妇坟墓(部落联盟的母系、原始)住地点定今内蒙古西拉木伦河流域)为匈奴所破坏从东胡中分化出来的。

契丹文化
——耶律仁先家族墓地
契丹家象远居月入人类强的草原和是不可取代的民族精神。公元916年，耶律阿保机称帝，国号契丹。
耶律仁先家族墓地拉于北票市小塔子乡莲花山的东南面，1988年，耶律仁先家族墓被论布为辽宁省文物保护单位。

滇南蒙古文化
——尹湛纳希
冯友谦先生北票莲花山考察
尹湛纳希（尹湛纳希，是蒙古族小说家，现民的哲学家普，汉名宝瞻山，字润亭，清末蒙古族文学家、思想家和哲学家。主要著作有《大元盛世青史演义》、《一层楼》、《泣红亭》等。

汉文化
——明长城、惠宁寺
明长城是明朝在北部地区修筑的军事防御工程，亦称边墙。
惠宁寺于府蒙古族自治乡政府驻地，1988年列为辽宁省重点文物保护单位。

抗日文化
1938年开始，日本侵略者对台煤矿进行疯狂掠夺，这几年，又由于日本侵略者发动的侵略战争为紧要关头。
乌兰·抗日英雄

煤矿文化
千米竖井建成时期
北票煤田从1875（清光绪元年）开始土地开采到2014年顶铝铝这年约139年，百余年间，经历了废矿、百余年间、国民党占领和中华人民共和国等五个历史时期。

北票煤照

龙骨赤玉藏，铁脉墨石生。青山白水里，居者乐悠然。

城市现状

交通系统现状

3.城市公交系统

北票市现状公交共有18条公交线路，其中市内7条，郊区线路11条。

市区线路车辆数较多，最多的4路共有14台大型客车，最少的6路共有8台大型客车。

根据《城市道路交通规划设计规范》规定，中、小城市应达到1200~1500人/辆标准车的水平，即每万人公交车拥有量应达到8.3标台/万人。北票市现状公交情况为，每万人公交车拥有量约为5.9标台/万人，距推荐规范值仍有较大的差距。

公交场站设施 —— 场站占地过大，且不满足所需

公交场站方面，北票市现状有公交停车场4个，三处停车场具有独立用地，农具厂停车场主要在道路两侧停车；总体上现有公交专用停车场、修理场、保养场难以满足公交发展需求。

公交停车场分布	用地面积	办公建筑面积
三宝街	1144平方米	72平方米
纺织厂	315平方米	62.5平方米
公汽公司	9000平方米	2000平方米
农具厂停车场	在公路两侧，调度办公临时租用	

序号	地点	泊位数
1	电场坡道停车场	20
2	建设路搏桥停车场	100
3	北辰宾馆停车场	50
4	寰宇人民收费停车场	56
5	百丽商场地下停车场	200

北票现状停车场统计表

序号	道路名称	起点（西/北）	线点（东/南）	停车带
1	人民路二段	南山街	市府街	双向停车带
2	人民街三段	市府街	南山街洪规路	双向停车带
3	新华路	和平街	南山街	双向停车带
4	健康路	南山街	市府街	双向停车带
5	长江街	建设路	工农路	双向停车带
6	银河A区段	建设路	南山街三段	双向停车带
7	银河C区段	建设路	南山街三段	双向停车带

北票停车带统计表

4.静态交通设施

目前，北票中心城区除2016年新建的百丽商场地下停车场外，仅在路边设置了一些停车泊位及部分配建大型货车停车场，共5个停车场，约450个泊位。

现状停车设施远远不能满足目前北票市机动车停车泊位的需求，导致了较多的乱停乱放等交通管理问题。

公共设施现状

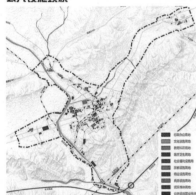

公共服务设施水平不均衡，地区内设施空间分布不均衡

目前北票市文化设施建设取得了一定的成果，但缺少青少年文化活动设施、城市特色文化展示设施等专项文化设施。

体育设施过度集中老城，市级体育中心、组团及社区体育设施建设滞后，现仅有的两处公共篮球场难以满足广大居民的运动建设要求；其次，市级体育设施建设标准低，同时公共游泳馆等部分常用专项体育设施缺失。

市级综合医疗机构服务能力与国家"大病不出县"的要求存在差距；城市社区卫生机构不健全，新的医疗服务网络未形成。专科医院发展滞后，尤其是妇幼保健院等重要市级专科医院规模小、服务能力有限，难以满足北票市人民群众的就医需求。

市级商业中心发展较好，但社区商业基础薄弱。同时城市边缘区域商业设施服务半径过大，商业布局结构不合理。

公共空间现状

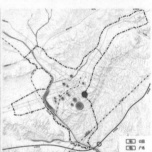

人民公园是整个南片区公共空间的核心，活力较足，但其内世纪广场仍显空旷，游客多为徒步爬山为主，缺少北票特色。

冠山广场位于中心城区东部出入口，是塑造城市门户的重要节点；其交通区位较为不便，活力不高，使用效率较低；并弱化了爱民路交通性主干道以"通"为主的功能。

带状公园是中华路景观轴上的重要一点，紧邻人民公园，缺乏相应的娱乐设施，无法承担其串联中华路景观轴的功能。

三燕广场紧邻北票博物馆南侧，具有丰富的娱乐设施，定期举办的节庆活动能够大量吸引周边片区的人流，并具有一定的当地特色。

沿河的生态景观轴现状只有生态与景观功能，休闲娱乐设施较少，人们活动以散步为主，相比于人民公园，活力不足。而周边待建项目和已建用地为居住建筑，缺少相应的生活服务设施。

交通岛广场主要是为解决交通问题而设置，部分广场主要功能是城市形象展示，也有部分交通岛广场设置了休闲健身设施；但大部分居民来此的主要目的是穿越交叉口。

转型与更新 北票市总体城市设计

龙骨赤玉藏，铁脉墨石生。青山白水里，居者乐悠然。

城市现状

社会调查

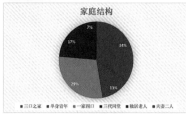

家庭结构

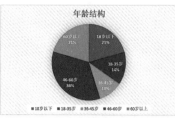

年龄结构

当地居民中中年占比最高，其次是老年人，年轻人大多选择到外地就业，除部分由子女抚养的老人，还有一部分自己生活的老人，其生活质量一般较差。

由于本地经济衰退，工资水平普遍较低，有超过三分之一的居民选择到外地打工，本地就业的居民中有部分是来自周边村镇的居民。

访问中居民虽然工资水平不是很高，但生活开销也不是很大，所以普遍对目前生活比较满意。

但也有部分居住条件不太好的居民，因周边缺少临近的活动空间，广场太闹腾影响休息，看病不方便等原因对生活不太满意。

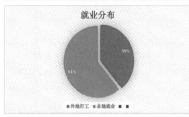

就业分布

人口组成

生活满意程度

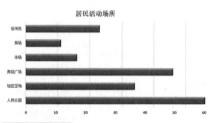

居民活动场所

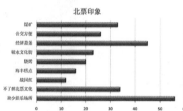

北票印象

访问中谈到在北票生活中的所感所闻时，居民们认为比较有特色的是毓水文化街、煤矿及海丰糕点等，而在文化方面并不是很了解，缺乏自豪感。

大部分居民都认为休闲娱乐场所较少，平时活动地点集中在人民公园、沿河公园、周边广场及社区空地等，活动内容单调。

问题提炼

城市历史环境衰落

城市历史特色空间损失

根据城市各项现状，从四个层面：区域、历史、感知、要素剖析北票城市的核心资源与价值，对北票城市空间特色资源进行全面分类梳理。发现城市的历史特色衰落，历史空间普遍未能很好地保护与利用。

总结提炼为以下六类：
化石文化空间：城市精品资源的空间利用，与现代服务业结合。
煤矿文化空间：城市传统工业转型更新，旧空间的更新利用。
铁路沿线空间：城市交通变革，历史活动热点区域的功能置换。
山水生态空间：城市自然资源禀赋形成城市特色文化，生活点滴。
传统商业空间：市民活动社交交流最为热点区域的改造升级。
传统居住空间：市民居住的所有私密空间，半私密空间的传承发展。

城市精神缺乏归属感、自豪感

青少年对比自豪感 **北票市民归属缺乏原因**

（1）归属感缺乏原因
①单位制的解体造成从前有单位人本身归属感的下降
②农村城市化及居民的大规模迁居
③社区先天发育不足，后天又存在管理体制的缺陷
④传统血缘文化对建立社区归属感的牵制

（2）青少年缺乏自豪感
城市贫困中学生，在面对城市贫富差距的现实生活中，对外界周围事物的认识是否正确，需要一个合理建构和导向的过程。

（3）文化衰落导致缺乏自豪感
全球一体化和世界文化交融的浪潮下，北票市文化基因对城市增长贡献力度明显偏弱，应展现城市个性的美好愿景，获得在北票市文化传承和文化创新方面的广泛认同和尊重。

生活环境百废待兴

生态环境脆弱

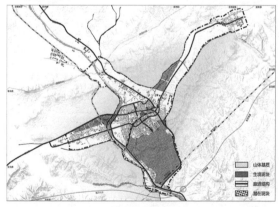

蓝绿网络现状——市域优良，但城区有待提升

北票有生态环境优良的白石水库与大黑山风景区，维持了良好生态环境优良与生物多样性。
但城市建成区内的生态环境未形成系统，对生态基质的破坏未得到修复；
对生态廊道的建设有待形成体系。城区内"无景可观，无自然可享。"

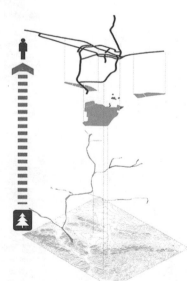

城市内未形成连贯的生态景观廊道
目前城市内生态景观基本依附主要道路，呈片段式，分散点分布。没有形成完整、连续的生态廊道与景观廊道。

山体开发未进行系统性控制
未划定山体开发边界线，城市建设边界模糊；因采石对山体的破坏未得到有效修复，对生态环境，城市形象造成了破坏。

城市内缺乏生境斑块，闲置地未得到有效开发
目前只有南山公园得以开发。城市内存在大量闲置废弃地，以及塌陷区场地。这些生境斑块作为未来城市生态发展的重要区域，需要加以利用。

水体受季节影响大；水岸空间未充分开发
水体存在季节性断流问题，从而导致干旱缺水，部分河道有淤积污染现象。河岸处理方式单一，且未形成连续的水岸空间。

龙骨赤玉藏，铁脉墨石生。青山白水里，居者乐悠然。

生活环境百废待兴

产业亟待转型

（1）产业层次偏低（重化 资源加工业）；高端经济要素缺失；产业有待升级转型

（2）城市服务功能弱，难以满足区域性中心城市的需求

（3）对现有经济资源利用不足。旅游、文化挖掘利用不足

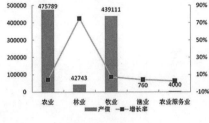

北票市农业产值及其增长率

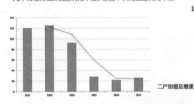

北票市种植业种植作物面积比例

2013年北票市上交税金行业构成

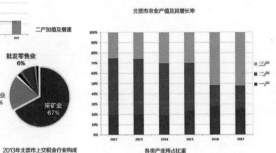

各类产业所占比重

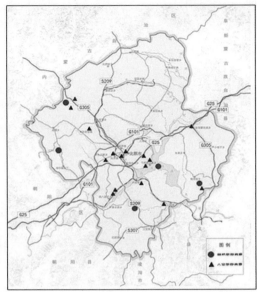

北票市旅游资源图

交通制约发展

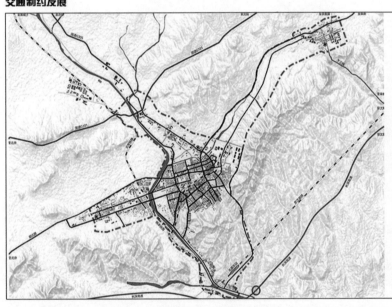

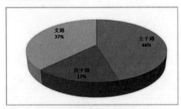

主城区各级道路比例图

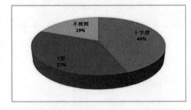

交叉口类型比例图

（1）道路缺乏系统性、完整性；路网级配结构失调，断头路多

（2）交通设施配备不完善，如停车设施、公交站场等

（3）城市缺乏慢行系统

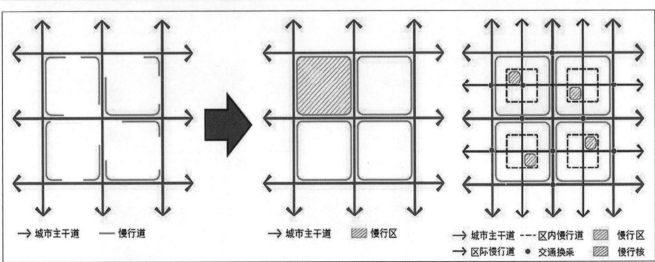

→ 城市主干道　—— 慢行道

→ 城市主干道　▨ 慢行区

→ 城市主干道　---- 区内慢行道　▨ 慢行区
→ 区际慢行道　● 交通换乘　▨ 慢行核

龙骨赤玉藏，铁脉墨石生。青山白水里，居者乐悠然。

问题提炼

生活环境百废待兴

空间失衡蔓延

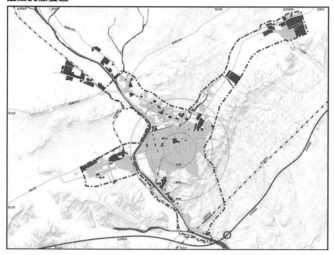

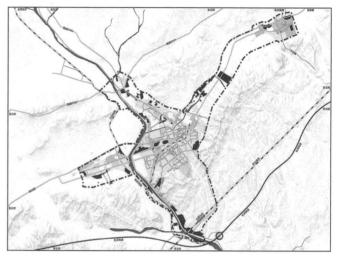

（1）职住失衡

工业用地多以飞地的形式存在，分布在东官营组团、三宝组团以及台吉组团以及相连接的交通干道两侧，呈现出工业用地过于远离城市中心的趋势。

城市发展局限在山谷中，依据矿产资源分布长期发展形成的"单中心、多组团、蔓延式"格局，产业区脱离城市中心导致职住失衡，难以支撑城市长远发展。

（2）城市蔓延

用地拓展特征：近十年来用地主要沿关河和省道S209以及北房线两条交通要道南北向及东向拓展，其中大部分为工业用地。

北部五间房组团和东官营组团、西部台吉组团、东部三宝组团以及南部区域性交通设施高铁站的建设带动了城市的横向、纵向两条轴线的发展，但同时这样带状狭长型的城市形态也出现了城市蔓延和造成了带状交通压力的问题。

人才流失与老龄化

1 缺少公共活动场所

目前北票的公共空间仅局限于几个公园与广场，不能满足青少年和老年人等群体的特定需求，学生们没有游乐场等娱乐场所，老年人在傍晚没有可以安静休息的活动空间。

2 居民自豪感弱，城市名片不突出

居民对城市整体没有统一的特别印象，大多仅关注自己的生活范围，对城市形象不了解。居民对城市历史与文化了解较少，文化自豪感较弱。

3 青年外出学习打工者较多，老龄化严重

由于资源枯竭，产业萎缩，导致所需劳动力数量下降，工资水平较低，有很大一部分年轻人选择到外地打工及学习，留下家中老人和孩子在此生活，活力不足。

（3）城市建设缺乏特色

建筑立面风格各异，杂乱无序，部分高层建筑很难与山水环境协调；河岸、山体缺乏保护，河岸两侧植被被破坏严重。

活动空间匮乏

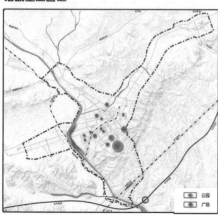

现状仅在城区南部有一处中心公园，分布不均，各个公共空间内活动设施普遍不足；同时不具有北票当地特色，未能与煤矿文化、中华龙鸟化石文化等相结合。

公共空间体系分布不完整，多为街区公园，缺少城市片区级公共空间，并且只在老城区内有分布，未充分考虑其他片区居民的使用需求，亟待改善。

转型与更新 北票市总体城市设计
MASTER URBAN DESIGN OF BEIPIAO CITY

龙骨赤玉藏，铁脉墨石生。青山白水里，居者乐悠然。

设计策略

总体结构

城市意象
"龙骨赤玉藏，铁脉墨石生。青山白水里，居者乐悠然。"

城市意象采集

城市名片设计

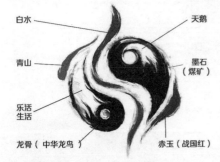

鉴于城市具备与山水环境相融的特点，采用太极为名片的结构核心。通过对城市特色的挖掘和对色彩意向的提取，生成凝练北票特色的可以向世人诉说北票的城市名片。

城市形态整体意象

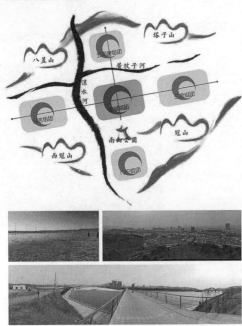

恰山迎水
凉水河、黄杖子河及四周山脉与城市相拥，充分将自然融入城市当中。

五组联动
结合城市发展情况以及收缩性城市提出的要求，以老城为中心，使台吉、五间房、三宝、门户组团联动发展。

城市格局

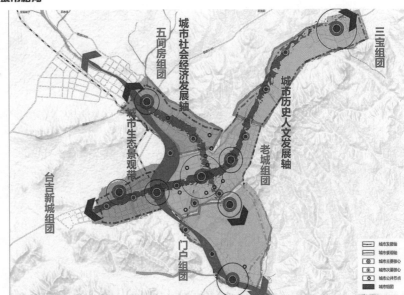

城市形成两轴一带，五组团的整体功能分布格局。城市总体功能布局结构形成以城市外围山水环绕，城市老城组团为核心，台吉新城组团、五间房组团、三宝组团、门户组团等四大功能组团相环绕的整体形态。
（1）老城组团：形成以老城传统商业片区、城市心脏为双核心、城北、城东、城南、城西居住片区为支撑，工业片区为附属空间分布格局。
（2）台吉新城组团：形成以台吉行政片区为核心，西侧、东侧两大棚户区和居住区为支撑，台吉千米竖井生态公园，沿河公园为亮点的空间分布格局。
（3）五间房组团：形成以商业菜市场为核心，化石特色小镇为建设重点，居住片区为支撑，沿河公园为亮点的空间格局。
（4）三宝组团：形成以三宝工业游园为核心亮点，周围工业园区，历史大道为建设重点的空间分布格局。
（5）门户组团：形成以高铁站片区为核心，居住区为支撑，南山花果山公园为亮点，两大城市入口为两翼的空间分布格局。

城市功能分区

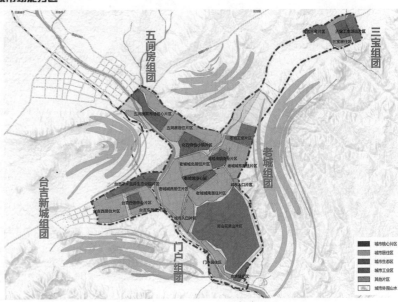

具体功能定位：
（1）城市山水环绕：旅游、生态涵养、城市绿肺
（2）老城组团：
老城传统商业片区：特色商业、金融服务、旅游服务
城市心脏：旅游服务、特色商业、文化展示
老城北居住片区：传统居住
老城东居住片区：旅游服务、特色商业
老城南居住片区：生态旅游、高端居住
老城西居住片区：高端居住
老城工业片区：化工、机械制造、仓储物流

（3）台吉新城组团：
台吉行政片区：行政办公、金融服务
台吉千米竖井生态公园：旅游、生态涵养、城市绿肺、文化展示
（4）五间房组团：
五间房菜市场核心：特色商业、文化展示、食品加工包装
化石特色小镇：旅游度假居住、生产服务、文化展示、商业金融
（5）三宝组团：
三宝工业游园：创意研发、文化展示、旅游
（6）门户组团：
高铁站片区：旅游服务、文化展示

转型与更新 北票市总体城市设计
MASTER URBAN DESIGN OF BEIPIAO CITY

龙骨赤玉藏，铁脉墨石生。青山白水里，居者乐悠然。

历史文化传承

历史文化

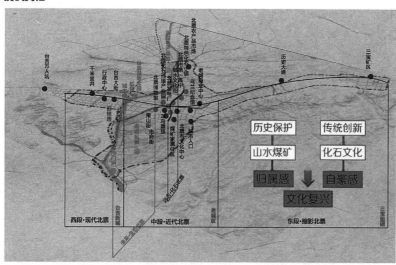

以化石文化、煤文化、北票传统历史人文为主题，通过旅游观光、度假酒店、主题公园等等开发主题旅游产品作为载体，提升旅游服务标准。城市的现代化进程不会因为传统文化的保护而停滞，城市发展同样不能以割断历史为代价。传承需要保护，传承也需要创新，城市文化只有在传承中保护，在保护中创新才不会被割裂。

城市格局

农村的城镇化和全域城市化的快速发展，倒逼非物质文化遗产从民间转向城市，作为传统文化的重要组成部分，非物质文化遗产给城市特色文化的建设提供了多种可能。

历史文化传承

历史文化是城市的灵魂，要想爱惜自己的生命一样保护好城市历史文化遗产。保护城市文化是城市有灵魂地存活下去的根本要求。城市文化是一座城市的记忆，是城市的"根"与"魂"。保护文化的历史底蕴，延续人们的城市记忆。

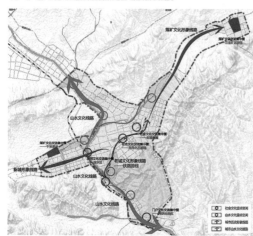

类型	设计指引	示意图
煤矿文化交流集中圈——千米竖井	基于矿井对于北票的重大意义和情感打造周围地区	见重点节点展示
新城形象线路	展示台吉新城风采	——
老城文化形象线路——铁路游线	展示老城文明生活的丰富记忆	——
社会文化交流集中圈——矿务家属居住区	大量矿务家家居住地区，打造城市更新住宅核心地带，改善北票贡献者的生活	见重点节点展示
社会文化交流集中圈——老城商圈	老城活力热点区域打造北票小城的特色熟人文化	见重点节点展示
煤矿文化形象线路	连接城市与三宝组团的特色街道	——
煤矿文化交流集中圈——三宝矿区游圈	基于三宝遗址更新成新的增长极打造煤矿游园，发展煤矿文化与产业	见重点节点展示
门户文化交流集中圈——高铁站前区	基于城市交通发展机遇，充分利用生态资源与文化形象，重塑造门户形象与功能	见重点节点展示
沿河文化交流集中圈——亲水区	对于城市与水的关系，意在重新连接人群与生态的关系	见重点节点展示

历史文化创新

创新城市文化是文化传承的现实需求，随着时代的发展，人们的生活环境和生活方式发生变化，如果脱胎于生活的文化不能随之变化，那么必将被发展的现实所抛弃。城市文化的继承和发扬，并非一味的因循守旧，而应在保护中创新，让文化更好地代代相承。创新是焕发城市的活力，激发城市发展的动力。

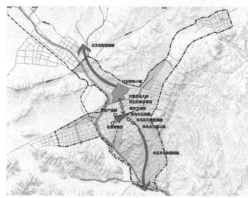

类型	设计指引	示意图
城市文化核心——龙鸟化石游园	集四觉为一体的城市现代智慧龙鸟游园	见重点地段设计
化石特色小镇	基于化石文化的特色小镇塑造，提高城市生产现代化	——
硅化木化石公园	运用硅化木与地貌结合形成特色有缘	见下文
化石雕塑大街	展示龙鸟古果形象引导游览	见下文
龙鸟化石雕塑商圈	围绕城市龙鸟雕塑更新商业增加活力	——
古文化形象线路	以红山文化等地域文化资源打造城乡线路	——
化石文化挖掘线路	以四合屯化石产业基地为基础打造城乡线路	——

古果龙鸟大道

恐龙大道

硅化木主题公园

(1) 设计目标
化石是北票的象征元素。以化石元素渗透北票市的方方面面，强化北票化石的特征，形成名副其实的"龙鸟之城"。

(2) 设计原则
1 整体协调原则：整体设计，兼顾全局，确保龙鸟、化石小品、远古景观之间的协调；确保化石设计要素与其他要素之间的协调。
2 次众原则：对于雕塑的制作和展示，可以应用本地艺术家、学生、其他群众的手工，等等。
3 线路衔接原则：对于各个节点直接慢行系统的连接，交通指引标识，智慧城市等应用。
4 生态原则：注重整体城市的绿化，将文化设施与绿化设施相结合进行布置，保证城市的生态宜居。

转型与更新 北票市总体城市设计
MASTER URBAN DESIGN OF BEIPIAO CITY

龙骨赤玉藏，铁脉墨石生。青山白水里，居者乐悠然。

设计策略

构筑都市田园

山水城市理念

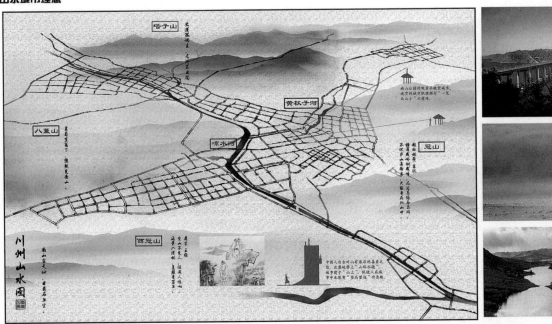

山水格局构筑

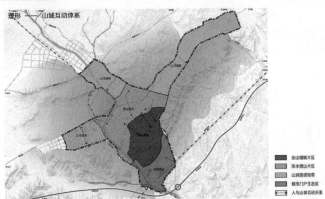

理形——山城互动体系

基于环城四座山体与城市的距离关系，结合人在城市中针对不同山体产生的登、游、赏、眺等行为，构建山、城不同互动关系的4大片区。

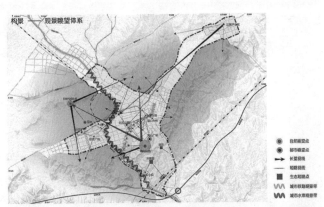

构景——观景眺望体系

基于山体与城市的联系，设置两大自然眺望点，两条城市观景带及多个城市眺望点。形成长眺短望的城市观景系统。

发展绿色经济

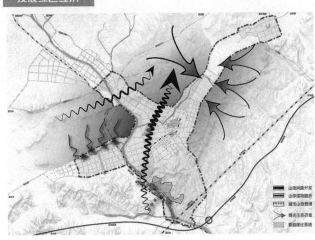

基于对城市生态环境进行修复及改善的背景下，开展生态修复性开发项目，打造城市节约型生态经济系统。

山地风能开发——风环境利用

北票常年西南风，城市位于山谷中，风量大，风向稳定。基于其风能资源丰富的特点，根据城市风环境实验选择塔子山做山地风能开发。既可代替城市热电厂进行发电，又可营造全新的城市山水景观。

山体湿地——海绵城市与雨水收集示范区

基于城市常年缺水，干旱的现状；结合城市所处环境山体丰富，对雨水等水资源有开发潜力的机遇。在台吉设置湿地公园，结合八盖山开发新的山地公园。对塌陷区与雨水渗透等项目进行场地适应性评估，打造城市水资源使用示范区。

山地酒店——低影响开发示范

在城市人口冠山南坡设置山地酒店，在设计中利用低影响开发理念，打造北票山地开发示范项目。同时也可作为城市门户区的形象展示，提升城市品质。

生态骑行廊道——生态廊道修复

在城区一三宝通廊，基于老铁路线改造为生态骑行廊道。在凸显历史氛围的同时，压缩城市建设对生态环境的影响，基于塌陷区设置的湿地与水体可适当延长，打造城市组团间的生态屏障，控制城市蔓延。

垂直绿化——城市第五立面

选取老城风貌较差高层，老市集和城市滨河新地标为示范，设置垂直绿化系统，形成城市第五立面的绿色景观，建筑之间的连接与绿化的植入既可以促进邻里和谐，美化城市环境；又可以完善城市山水格局。远期可沿城市骨架设置连续的垂直绿化界面，形成独特的城市形象。

转型与更新 北票市总体城市设计
MASTER URBAN DESIGN OF BEIPIAO CITY

龙骨赤玉藏，铁脉墨石生。青山白水里，居者乐悠然。

设计策略

营造亲山近水

景观系统布局

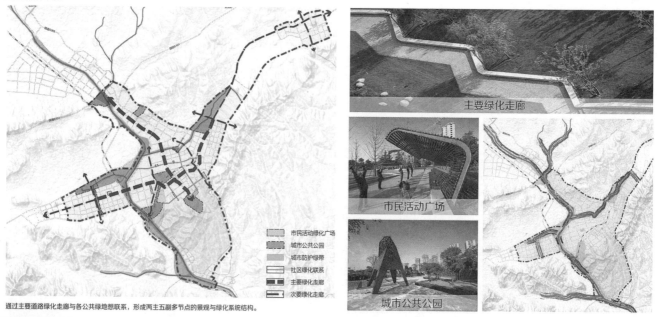

主要绿化走廊

市民活动广场

城市公共公园

- 市民活动绿化广场
- 城市公共公园
- 城市防护绿带
- 社区绿化联系
- 主要绿化走廊
- 次要绿化走廊

通过主要道路绿化走廊与各公共绿地相想联系，形成两主五副多节点的景观与绿化系统结构。

景观形态及功能

城市生态防护岸线以植物和树木栽植为主，既满足经济生产的需求，也反映景观观赏的需求，增添当地生态植物多样性。城市居住生活岸线应满足居民亲水体验的要求，创造宜人的滨水空间环境。

	景观游憩岸线1	景观游憩岸线2	生态防护岸线	生活居住岸线	商业休闲岸线	特色景观湖面
驳岸形式	硬质驳岸：亲水台阶式	软质驳岸：自然草坡	硬质驳岸：斜坡式	硬质驳岸：亲水台阶式	硬质驳岸：亲水台阶式	软质驳岸：自然草坡式
	硬质驳岸：观演、亲水平台	硬质驳岸：观演、亲水平台	硬质驳岸：陡坎式	软质驳岸：自然草坡	硬质驳岸：观演、亲水平台	硬质驳岸：观演、亲水平台
滨水环境						
滨水界面	风情环形水系两侧体现滨水建筑丰富生动的界面变化	特色河道两侧体现城市富有韵律感的主要天际轮廓线	防护型水系体现两侧工业建筑整齐规则的连续界面	生活型水系通过丰富的植物植栽柔化住宅建筑界面	水景轴线两侧公共建筑体现盐城现代开放的城市形象	景观湖面通过微地形处理和植物植栽形成自然起伏的界面感

转型与更新 北票市总体城市设计
MASTER URBAN DESIGN OF BEIPIAO CITY

龙骨赤玉藏，铁脉墨石生。青山白水里，居者乐悠然。

设计策略

营造亲山近水

景观形态及功能 —— 河网系统

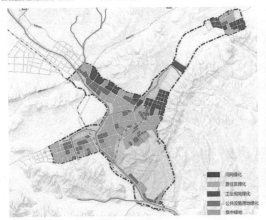

图例：
- 河网绿化
- 居住区绿化
- 工业用地绿化
- 公共设施用地绿化
- 集中绿地

在城市各类绿化中，居住区绿化占比最重，也是居民最亲近的绿化环境，故而北票绿化系统下一步可重点规划居住区绿化系统。公园广场绿化、道路绿化与河网绿化是北票市展现了城市的形象，是城市文明的重要标志，可选择北票特色植物种类。

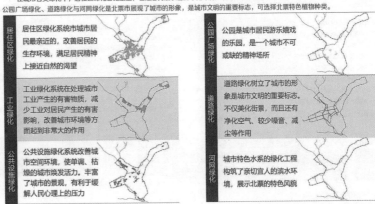

居住区绿化	居住区绿化系统市城市居民最亲近的，改善居民的生存环境，满足居民精神上接近自然的渴望
工业绿化	工业绿化系统在处理城市工业产生的有害物质，减少工业对居民产生的有害影响，改善城市环境等方面起到非常大的作用
公共设施绿化	公共设施绿化系统改善城市空间环境，使单调、枯燥的城市焕发活力，丰富了城市的景观，有利于缓解人民心理上的压力

公园广场绿化	公园是城市居民游乐嬉戏的乐园，是一个城市不可或缺的精神场所
道路绿化	道路绿化树立了城市的形象是城市文明的重要标志。不仅美化街景，而且还有净化空气、较少噪音、减尘等作用
河网绿化	城市特色水系的绿化工程构筑了亲切宜人的滨水环境，展示北票的特色风貌

空间标志体系 —— 夜景灯光系统

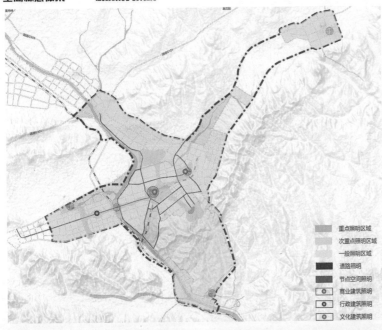

图例：
- 重点照明区域
- 次重点照明区域
- 一般照明区域
- 道路照明
- 节点空间照明
- 商业建筑照明
- 行政建筑照明
- 文化建筑照明

首先要根据道路状况，选择布灯方式，按照有关规定计算照度标准，在保证道路功能照明的前提下，选择造型优美、色彩明快的灯型、光源和灯具。

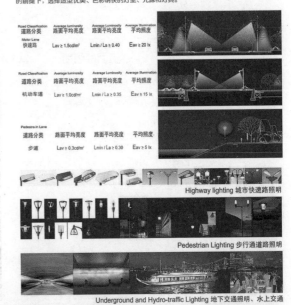

Road Classification 道路分类	Average luminosity 路面平均亮度	Average Luminosity 路面平均亮度	Average Illumination 平均照度	
Motor Lane 快速路	Lav ≥ 1.5cd/m²	Lmin / La ≥ 0.40	Eav ≥ 20 lx	
Road Classification 道路分类	Average luminosity 路面平均亮度	Average Luminosity 路面平均亮度	Average Illumination 平均照度	
机动车道	Lav ≥ 1.0cd/m²	Lmin / La ≥ 0.35	Eav ≥ 15 lx	
Pedestrain Lane 道路分类	路面平均亮度	路面平均亮度	平均照度	
步道	Lav ≥ 0.3cd/m²	Lmin / La ≥ 0.30	Eav ≥ 5 lx	

Highway lighting 城市快速路照明

Pedestrian Lighting 步行通道路照明

Underground and Hydro-traffic Lighting 地下交通照明、水上交通

绿地园艺照明
Greenland Lighting

滨水地带照明
Waterside Lighting

商业街照明
Shopping Street Lighting

节点空间照明
Node Lighting

桥梁、水景照明
Bridge Waterscape Lighting

广告、灯箱照明
AD Lamp house Lighting

景观、雕塑照明
Landscape Sculpture Lighting

转型与更新 北票市总体城市设计
MASTER URBAN DESIGN OF BEIPIAO CITY

龙骨赤玉藏，铁脉墨石生。青山白水里，居者乐悠然。

设计策略

营造枕山近水

空间标志体系 —— 街道设施系统

街道设施系统	公共厕所				垃圾桶	公交站点、公共候车亭	自行车停放架	道路铺装
城市街道设施系统分类： （1）**公共卫生与休息服务**：包括公共厕所、垃圾桶、座椅等 （2）**公共交通、照明、管理设施**：包括候车亭、自行车停放架、道路护栏等 （3）**配景与艺术小品**：包括花坛、绿地、喷泉、小品、雕塑等 （4）**道路广场铺装**：包括道路铺装、广场铺装	**城市用地类别**	**设置密度（座/km）**	**建筑面积（m²）**	**独立式公厕建筑占地面积（m²）**	**设置原则：** （1）垃圾桶的设置应满足分类收集、分类处理的要求 （2）垃圾桶应设置在道路两侧及各类交通运输设施、公共设施、广场、社会停车场等的出入口附近 （3）设置在道路两侧的垃圾桶，间距为： 商业、金融业街道：50~100米 主干道，次干道、快速路：100~200米 支路、有人行道的快速路：200~400米	**设置原则：** （1）中途站应尽量设置在公交线路沿途所经过的主要人流的集散点上。中途站的站距应合理选择，平均站距宜**600米左右**。 （2）在设有隔离带的40米以上宽度的主干道上设置中途站，可不设候车亭。但应在隔离带的开口处设站台，平面尺寸长度应不小于**2~3辆车**同时停靠的长度。	**设置原则：** （1）自行车架的设计形式，以预制混凝土制成嵌入轮槽的车架，安装简洁，无影响视线柱子，由卡放车轮的金属支撑架，支撑在车轮两侧。 （2）提高自行车架的空间存放率，要求使用方便，讲求满载和空载的视觉效果 （3）自行车架除了排列美观，还要坚固耐用，与周边环境相宜。	**设置原则：** （1）**人行道路铺装**：以行人步行舒适、方便为目的。公共场所的人行道材料有石、转等。园林道路以转、卵石为主。 （2）**车道铺装**：车行道使用的材料有更大的抗压强度和耐磨性，路口的铺装应与周围路面不同，以引起司机的注意。 （3）**文化休闲、商业广场铺装**：应掌握铺地的尺寸，特别在色彩、材质与装砌的拼缝上，应与空间尺度相适合
	居住用地	3~5	300~500	30~60 / 60~100				
	公共设施用地	4~11	300~500	50~120 / 80~170				
	工业用地仓储用地	1~2	300~1000	30 / 60				
	注：其他各类城市用地的公共厕所设置： 1）公共厕所建筑面积根据服务人数确定 2）独立式公共厕所所用地面面积根据公共厕所建筑面积按规用比例确定							

提供舒适交通

城市综合交通系统

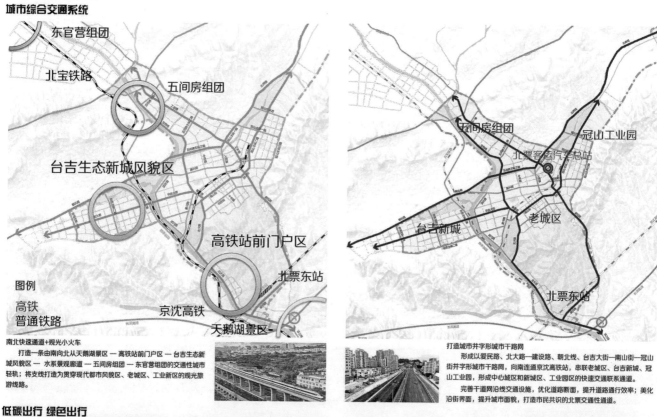

图例
高铁
普通铁路

南北快速通道+观光小火车
打造一条由南向北从天鹅湖景区 — 高铁站前门户区 — 台吉生态新城风貌区 — 水系景观廊道 —五间房组团 — 东官营组团的交通性城市轻轨；将支线打造为贯穿现代都市风貌区、老城区、工业新区的观光旅游线路。

打造城市井字形城市干路网
形成以爱民路、北大路—建设路、朝北线、台吉大街—南山街—冠山街井字形城市干路网，向南连通京沈高铁站，串联老城区、台吉新城、冠山工业园，形成中心城区和新城区、工业园区的快速交通联系通道。
完善干道网沿线交通设施，优化道路断面，提升道路通行效率；美化沿街界面，提升城市面貌，打造市民共识的北票交通性通道。

低碳出行 绿色出行

自行车路网

自行车乘火车

自行车租赁设施

车型多样化

建立连续完整的自行车道，完善城市慢行系统，配备完善的骑行设施，如路边打气处、夜行照明灯、专门的过街蓝色标记等。为吸引更多游客选择自行车出行，还可以设计"骑行游览线路"，贯穿市内主要景点。
除了"分隔"还有"融合"，改造地面轻轨，让自行车直接上车，实现长短途出行需求的无缝对接。骑行系统应多元化，为各种距离的出行选择，配套不同的设施。除了市区内密集的自行车道，外围的自行车高速路也可在远期实现。
"自行车图书馆"可为人们提供代替小汽车的多类型自行车租借选择，轻型通勤自行车、带载筐篮自行车、电动自行车，可折叠自行车和自行车拖车等等，使不同需求的骑行者都能找到适合的交通工具，扩大自行车使用人群的覆盖面。

转型与更新 北票市总体城市设计
MASTER URBAN DESIGN OF BEIPIAO CITY

龙骨赤玉藏，铁脉墨石生。青山白水里，居者乐悠然。

设计策略

提供舒适交通

城市慢行系统设计

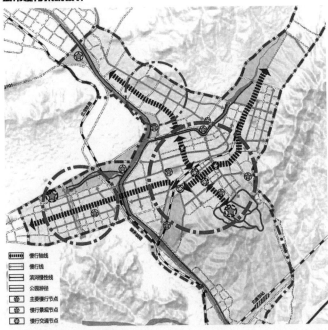

- 慢行轴线
- 慢行线
- 滨河慢性线
- 公园游径
- 主要慢行节点
- 慢行景观节点
- 慢行交通节点

促进慢行系统进一步与轨道交通及公共交通相结合，以公交枢纽为节点，城市支路及次干路系统为主体，结合特色步行街区，形成相对完善慢行交通系统。在中心城区范围内，实现城市道路非机动车与步行路权的"全覆盖"，居民出行的慢行交通比重维持在35%以上。

完善非机动车道和人行道系统；人性化设计绿化与景观提供舒适的步行体验。完善慢行交通系统设施，改善慢行交通环境、提高通行效率，保障舒适和安全。

织补公共空间

建立城市公共领域圈

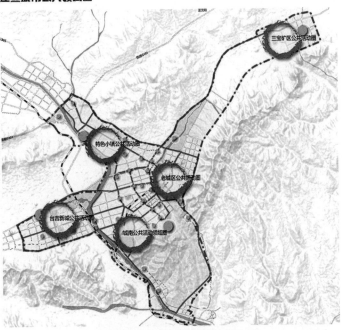

老城区公共活动领域圈 —— 传统商业 休闲活动
三宝矿区公共活动领域圈 —— 旅游观光 观赏体验
台吉新城公共活动领域圈 —— 艺术活动 体育运动
特色小镇公共活动领域圈 —— 文化娱乐 民俗活动
城南公共活动领域圈 —— 康体健身 节庆活动

织补公共空间

公共空间的设计

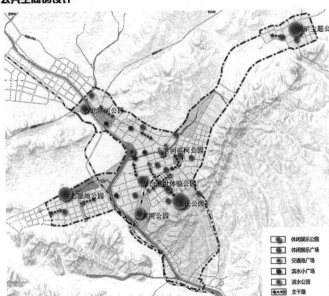

- 休闲娱乐公园
- 休闲娱乐广场
- 交通广场
- 滨水小广场
- 滨水公园
- 主干路

采用点线面相结合的手法，从与人的实际感受发生关联的空间的独特性、连续与封闭性、易达性、可识别性、适应性和多样性等特征出发，创造丰富多彩、品质高尚的空间环境。

根据城市各区特色，确定核心公共空间，构成重要的休闲、游憩空间。着重提高现状公共空间品质，精心设计的界面、场所、节点，共同构成宜人的公共空间体系。

主次分明，相辅相成

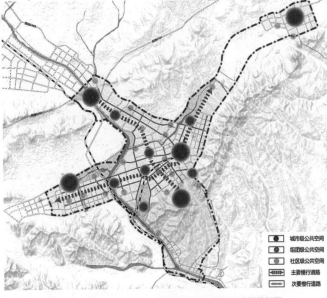

- 城市级公共空间
- 组团级公共空间
- 社区级公共空间
- 主要慢行道路
- 次要慢行道路

由五个功能核心为主，辅以满足各个组团内社区日常生活需求的次级公共中心，形成由城市到组团再到社区的完整公共活动体系结构。

以城市主要慢行道路串联东西向，南北向城市级公共空间，由次级慢性道路串联组团级、社区级公共空间，在强调公共空间的总体格局之下，城市级的开放空间形成向山水边际开放的网络，组团级社区级的公共空间重视服务使用的便利。

转型与更新 北票市总体城市设计
MASTER URBAN DESIGN OF BEIPIAO CITY

龙骨赤玉藏，铁脉墨石生。青山白水里，居者乐悠然。

设计策略

织补公共空间

设计理念

城市公共空间是人们社会生活的发生器和舞台，他们的形象和实质直接影响市民大众的心理和行为。

城市公共空间是城市社会、经济、历史和文化诸种信息的物质载体，这里积淀着世世代代的物质财富和精神财富，是人们阅读城市、体验城市的场所。

实质：以人为主体，充分考虑不同人群的活动需求与空间特征。

人群	公共空间需求	行为活动	空间特征
当地居民	舒适、私密和公共并存的交流空间	居住、日常生活、休闲娱乐、交流	院落空间，集自我私密性和群体公共性于一体
购物者	特色消费、品牌多元、选择多的空间	购物消费、娱乐休闲	建筑具有当地特色，传统街巷营造特色商业氛围
游客	特色文化、休闲舒适的别样空间	旅游观光、风情体验	当地多元文化的体验与传承，注重个人感受
老人	休闲舒适、运动、交流的空间	含饴弄孙、锻炼娱乐	老人交流空间和休闲娱乐空间，提高生活品质
小孩	安全、趣味性的娱乐空间	室外活动、娱乐交友	安全的休闲娱乐玩耍空间，丰富儿童课余生活
上班族	私密休息和人际交往并存的空间	商务洽谈、间歇休憩	安静私密空间、休闲广场、特色商业空间

公共活动策略

针对公共空间节点的不同特点，策划不用类型的活动，以突出不同公共空间的主题性和特性。

提出适宜北票宜居之城的模式，结合北票的历史文化、民俗风情，延续地方文脉，提供尽可能多的休闲活动场所，策划不同规模、不同类型、参与度高的公共活动，满足不同人群的需求，提升市民的参与度。

二人转表演

蒙族风情文化表演

龙鸟化石节

辣椒节

营造社区氛围

居住系统分析

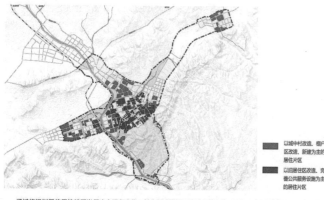

以城中村改造、棚户区改造、新建为主的居住片区

以旧居住区改造、完善公共服务设施为主的居住片区

通过将规划居住用地按照发展方向进行分类：其中新建居住区以城中村改造、棚户区改造等功能为主，主要为当地居民改善生活居住环境；而更新居住区则以旧居住区改造、完善居住区公共服务设施为主，为本片区的居民提供更优质、完善的生活服务。

街区空间设计

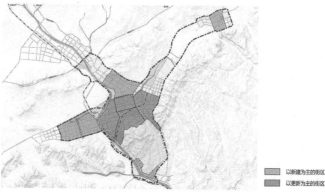

以新建为主的街区

以更新为主的街区

公共资源均衡分布，增强片区居民互动和心理归属感，推动多阶层共融的生活模式。

以更新为主要方向的综合街区应完善现有的公共服务体系，尤其是居住区级的公服设施和绿地，使得居民的主要生活需求能够在15分钟生活圈内解决。以新建为主要方向的综合街区应打造均衡的服务品质，尊重原有村庄、棚户区居民的意愿，使得其与城市居民能够良好地互动，积极发挥就业的互补性。

弱势群体保护

居民选址意向点

应该首先加强改建地区基础设施（道路、市政配套、公共设施）的先行建设，尤其是完善公共交通系统，建立公共交通接驳体系，其次要为中低收入者提供便利的生活环境。

大规模保障性住房的兴建导致大片低收入"同质"住区的建设，加速了中低收入者的弱势地位，并且也不能达到社会学中认为的混合社区带来的"互补性"就业的机会。

在保障性住房和棚改房的建设上应采用小规模、混合居住的模式。

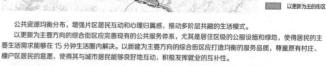

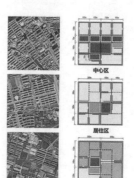

中心区

居住区

工业区

中心区支路网间距70~200米之间。居住街块面积25000—35000平方米，支路网间距150~200米，商业街块面积4000－8000平方米，支路网间距70~100米。

居住区支路网间距200~300米之间；其中建成区街块面积20000-50000平方米，新建居住区个别大面积出让的建设用地，应设置小区道路适当划分并保证其通过性和开放性。

工业区支路网间距一般控制在300~500米之间；街块面积宜控制在10000-20000平方米或20000-50000平方米。

商业用地　　自行车道
居住用地　　开敞界面
工业用地　　道路
绿地

转型与更新 北票市总体城市设计
MASTER URBAN DESIGN OF BEIPIAO CITY

龙骨赤玉藏，铁脉墨石生。青山白水里，居者乐悠然。

空间形态引导

城市高度控制
根据城市山水特点，对城市高度进行控制。打造以老城区为主的低层山地控制区；沿河高低连贯的新城轮廓线。

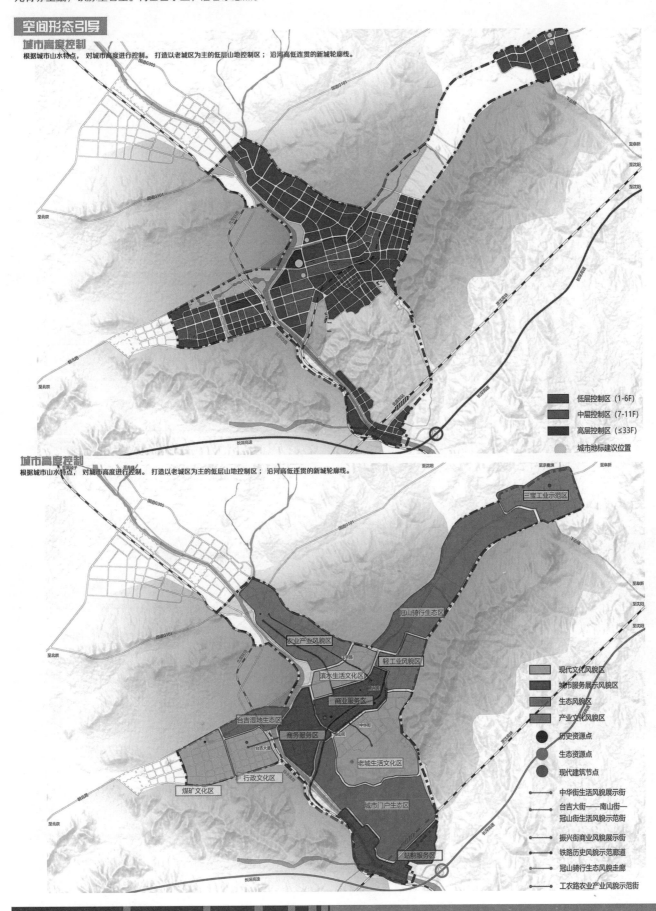

低层控制区（1-6F）
中层控制区（7-11F）
高层控制区（≤33F）
城市地标建议位置

城市高度控制
根据城市山水特点，对城市高度进行控制。打造以老城区为主的低层山地控制区；沿河高低连贯的新城轮廓线。

三宝工业示范区
冠山骑行生态区
农业产业风貌区
轻工业风貌区
滨水生活文化区
商业服务区
台吉湿地生态区
商务服务区
老城生活文化区
煤矿文化区
行政文化区
城市门户生态区
站前服务区

现代文化风貌区
城市服务展示风貌区
生态风貌区
产业文化风貌区
历史资源点
生态资源点
现代建筑节点
中华街生活风貌展示街
台吉大街——南山街——冠山街生活风貌示范街
振兴街商业风貌展示街
铁路历史风貌示范廊道
冠山骑行生态风貌走廊
工农路农业产业风貌示范街

空间形态引导

城市风貌区控制

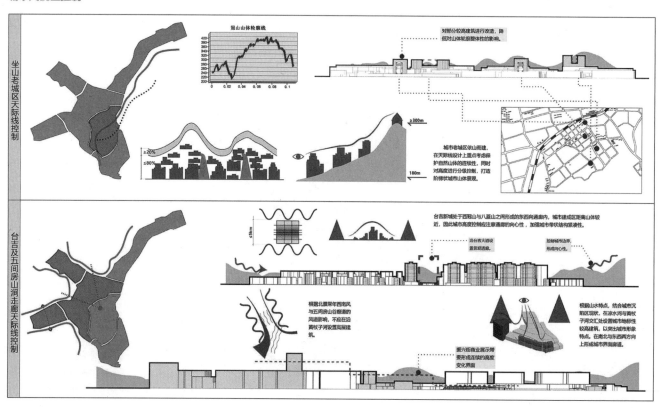

城市道路断面控制 ——生活性道路

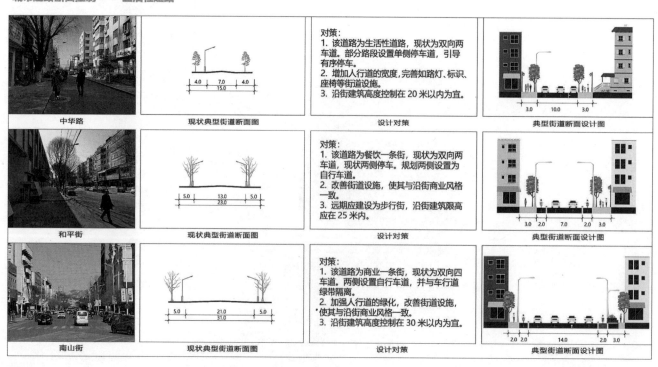

中华路

现状典型街道断面图

设计对策：
1. 该道路为生活性道路，现状为双向两车道。部分路段设置单侧停车道，引导有序停车。
2. 增加人行道的宽度，完善如路灯、标识、座椅等街道设施。
3. 沿街建筑高度控制在20米以内为宜。

典型街道断面设计图

和平街

现状典型街道断面图

设计对策：
1. 该道路为餐饮一条街，现状为双向两车道，现状两侧停车。规划两侧设置为自行车道。
2. 改善街道设施，使其与沿街商业风格一致。
3. 远期应建设为步行街，沿街建筑限高应在25米内。

典型街道断面设计图

南山街

现状典型街道断面图

设计对策：
1. 该道路为商业一条街，现状为双向四车道，两侧设置自行车道，并与车行道绿带隔离。
2. 加强人行道的绿化，改善街道设施，使其与沿街商业风格一致。
3. 沿街建筑高度控制在30米以内为宜。

典型街道断面设计图

控制实施引导

城市基本农田控制

中心城区基本农田保护区分别分布于冠山地区东部及五间房镇凉水河西侧区域，其中冠山地区东部基本农田面积约 76.48 公顷，对基本农田应严格保护。

城市塌陷区控制

北票市中心城区的塌陷区主要是煤矿长期开采而诱发的地面塌陷，影响中心城区的沉陷区有三个：冠山沉陷区、台吉竖井沉陷区、台吉四井非稳定沉陷区。已存在的沉陷区仍存在

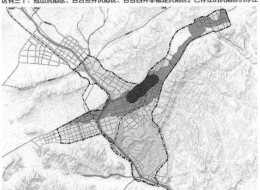

城市水系蓝线控制

依据不同的河道，划定蓝线控制范围。沿凉水河及蓝旗河蓝线控制为50米，沿台吉河及黄杖子河蓝线控制为30米。

点状公共绿地，滨水绿地，湿地公园，道路绿地四绿共舞。

空间形态引导

重点道路控制

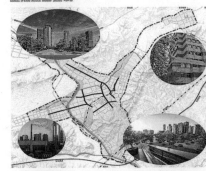

都市景观风貌道路
街道类型：结构性景观路
所在特色风貌片区：商业服务区、行政文化区、老城生活文化区
沿街建筑风貌：
1. 色彩以亮度和饱和度较低的素色调为主，可利用北票建筑特有的白红相间色调；
2. 以现代建筑为主，建筑形态相对统一，建筑形体简洁。
景观环境：
1. 适当设置道路广告、禁止人行天桥下设置广告，建筑立面广告不应超过建筑主体，广告体量不宜超过 15 米；
2. 以道路照明为主，建筑照明为辅，追求大气、简洁的效果。

生活景观风貌道路
街道类型：结构性景观路
所在特色风貌片区：商业服务区、行政文化区、老城生活文化区
沿街建筑风貌：
1. 色彩以亮度和饱和度适中的中间色调为主；
2. 鼓励建筑形式与形态的丰富性，注重底层商业界面连续性；
3. 规范居住建筑的阳台、栏杆形式，避免混乱。
景观环境：
1. 广告宜布置在沿路底商檐口，应规范统一广告尺寸、形式；
2. 休憩设施应配套，照明设施应简洁。

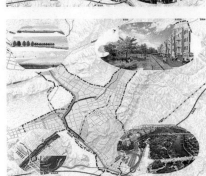

滨河景观风貌道路
街道类型：结构性景观路
所在特色风貌片区：台吉湿地生态区、滨水生活文化区
沿街建筑风貌：
1. 色彩以亮度和饱和度适中的中间色调为主；
2. 建筑形式新颖，体现滨河特色，沿河强调建筑形态的跌落，丰富空间层次；
3. 重点整治高层居住建筑立面，以简洁、整体的立面处理方式为主。
景观环境：
1. 减少道路广告，建筑立面广告不应超过建筑主体；
2. 强化沿路热带景观绿化，形成适宜步行的连续公共空间；
3. 除道路照明外，强化建筑照明，完善公共空间照明。

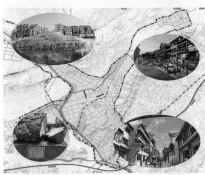

特色景观风貌道路
街道类型：结构性景观路
所在特色风貌片区：商业服务区、老城生活文化区
沿街建筑风貌：
1. 色彩以灰色、红色为主，宜明亮统一；
2. 建筑形式统一，骑楼风格为主，有较高贴线率，强调界面；
3. 建筑高度相对一致，天际线整齐。
景观环境：
1. 广告布置沿路两侧，与建筑结合，不设专门的广告牌；
2. 休憩与照明设施应简洁，有传统特色，维护应保障。

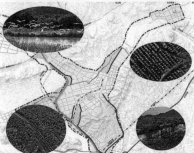

生态景观风貌道路
街道类型：结构性景观路
所在特色风貌片区：冠山骑行生态区、城市门户生态区
沿街建筑风貌：
1. 色彩以亮度和饱和度适中的中间色调为主；
2. 建筑体量不宜过大，临街退线不少于15米，凸显道路景观。
景观环境：
1. 适合设置道路广告，节点可设大型广告，高度不超过 40 米；
2. 以道路照明为主，适当考虑景观照明。

转型与更新 北票市总体城市设计

MASTER URBAN DESIGN OF BEIPIAO CITY

龙骨赤玉藏，铁脉墨石生。青山白水里，居者乐悠然。

总平面图

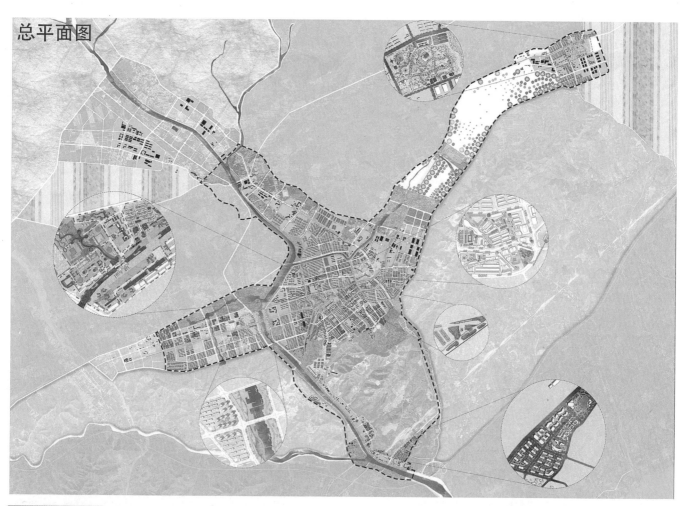

控制实施导则

城市色彩控制

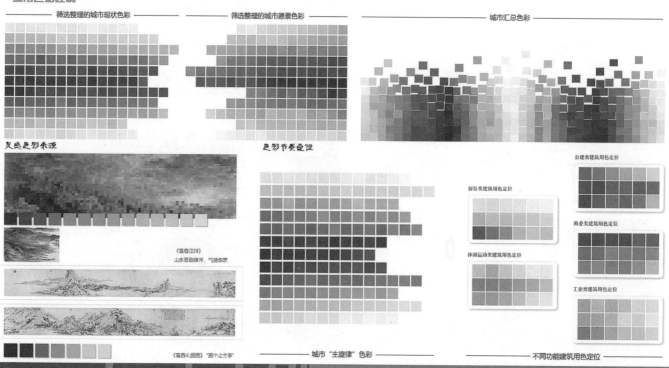

筛选整理的城市现状色彩　　　筛选整理的城市愿景色彩　　　　城市汇总色彩

灵感色彩来源　　　　　　　色彩节奏定位

公建类建筑用色定位

居住类建筑用色定位

《富春江咏》
山水苍劲雄浑，气势恢宏

商业类建筑用色定位

休闲运动类建筑用色定位

工业类建筑用色定位

《富春山居图》"画中之兰亭"　　　　城市"主旋律"色彩　　　　　不同功能建筑用色定位

龙骨赤玉藏，铁脉墨石生。青山白水里，居者乐悠然。

节点设计

亲山近水之田

旧铁路横跨北票，连接千米竖井、英国火车站、三宝矿区等城市重要节点，这条历史走廊承载着北票人因煤而生的城市记忆。

路段站点设计

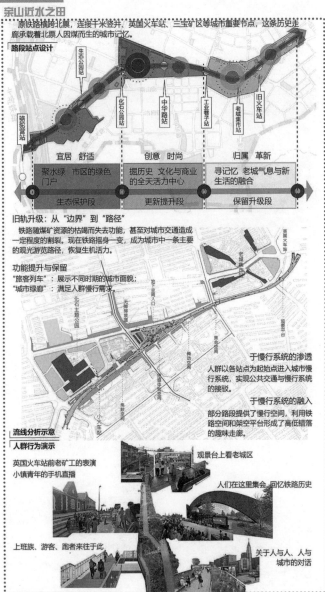

聚水绿 市区的绿色门户 | 掘历史 文化与商业的全天活力中心 | 寻记忆 老城气息与新生活的融合
宜居 舒适 | 创意 时尚 | 归属 革新
生态保护段 | 更新提升段 | 保留升级段

旧轨升级：从"边界"到"路径"

铁路随煤矿资源的枯竭而失去功能，甚至对城市交通造成一定程度的割裂。现在铁路摇身一变，成为城市中一条主要的观光游览路径，恢复生机活力。

功能提升与保留
"旅客列车"：展示不同时期的城市面貌；
"城市绿廊"：满足人群慢行需求。

于慢行系统的渗透
人群以各站点为起始点进入城市慢行系统，实现公共交通与慢行系统的接驳。

于慢行系统的融入
部分路段提供了慢行空间，利用铁路空间和架空平台形成了高低错落的趣味走廊。

流线分析示意
人群行为演示

英国火车站前老矿工的表演
小镇青年的手机直播

观景台上看老矿区

人们在这里集会，回忆铁路历史

上班族、游客、跑者来往于此

关于人与人、人与城市的对话

龙鸟化石之都
地块区域位置图

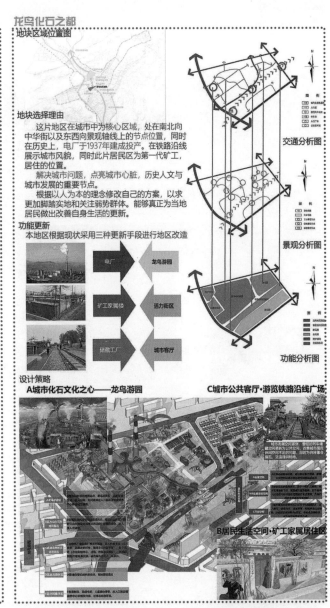

交通分析图

景观分析图

功能分析图

地块选择理由

这片地区在城市中为核心区域，处在南北向中华街以及东西向景观轴线上的节点位置，同时在历史上，电厂于1937年建成投产。在铁路沿线展示城市风貌，同时此片居民为第一代矿工，居住的位置。

解决城市问题，点亮城市心脏，历史人文与城市发展的重要节点。

根据以人为本的理念修改自己的方案，以求更加脚踏实地和关注弱势群体。能够真正为当地居民做出改善自身生活的更新。

功能更新

本地区根据现状采用三种更新手段进行地区改造

电厂 ▶ 龙鸟游园
矿工家属楼 ▶ 活力街区
储藏工厂 ▶ 城市客厅

设计策略

A 城市化石文化之心——龙鸟游园

C 城市公共客厅·游览铁路沿线广场

B 居民生活空间·矿工家属居住区

鸿翔未来之乡

节点位置及设计理念

该片区依托南部天鹅湖生态景观区以及白石水库来构建具有天鹅意象特色的商业片区，主要为城区内居民以及外来观赏的游客服务，并注重与北部、南部山体的景观协调以及视线通廊的打造。

片区内建筑主要以低层商业建筑为主。片区内公园水系与东官河的引流水系进行协调，构成多样化的滨水空间，并对人流进行示意引导。

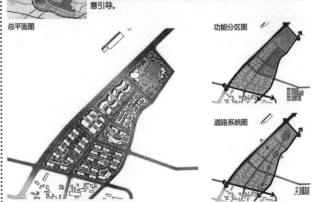

总平面图

功能分区图

道路系统图

水塔展示区

雕塑公园

转型与更新 北票市总体城市设计
MASTER URBAN DESIGN OF BEIPIAO CITY

龙骨赤玉藏，铁脉墨石生。青山白水里，居者乐悠然。

节点设计

熟人社会之镇

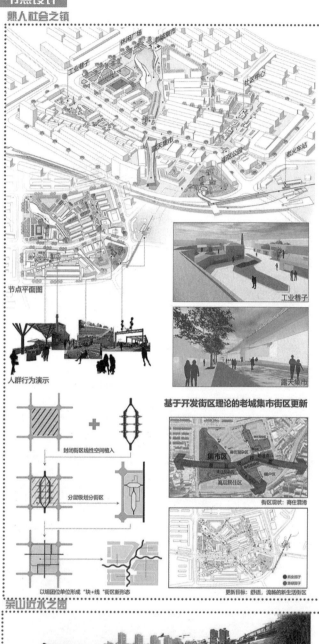

工业巷子

节点平面图

人群行为演示

露天集市

工业巷子

封闭街区线性空间植入

分层级划分街区

以组团位单位形成"块+线"街区新形态

基于开发街区理论的老城集市街区更新

街区现状：商住混淆

更新目标：舒适，流畅的新生活街区

煤矿工人之里

节点位置及改造理念

三宝煤矿为北票煤文化遗址，现状处于闲置状态，而其内有各类颇具特色的建筑物及构筑物，可改造空间较大，有望打造极具特色的公共空间。

大面积保留原址的厂房和设施，并赋予它们新的功能。充分利用工业园区所形成的环境、生产流水线等各类资源。

总平面图

功能分区图

道路系统图

鸟瞰图

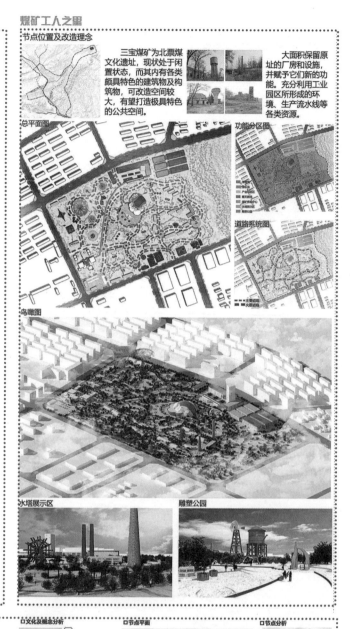

水塔展示区

雕塑公园

崇山近水之岗

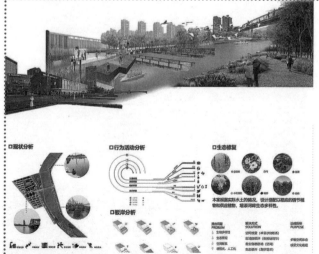

口现状分析

口行为活动分析

口取岸分析

口生态修复

本案根据熟知水土的情况，设计搭配匹配的情节植物和观赏植物，增添河畔生态多样性。

口文化及概念分析

口节点平面

口节点分析

通过对现状人群活动与北票市文化特征的提取，确定了节点的设计理念。

建筑平改坡　公共绿地　慢行步道　文化广场　游船码头　流水赏荷湿地

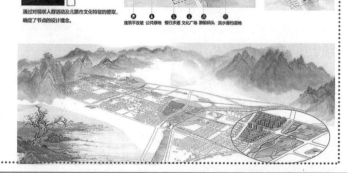

转型与更新 北票市总体城市设计
MASTER URBAN DESIGN OF BEIPIAO CITY

龙骨赤玉藏，铁脉墨石生。青山白水里，居者乐悠然。

龙骨赤玉藏，铁脉墨石生。青山白水里，居者乐悠然。

模型总览

21岁销售部经理

小学生

84岁一代竖井矿工

初中生

52岁早餐摊阿姨

27岁饭店主管

高中生

节点部分

高铁实景

模型鸟瞰

煤矿主题公园

老城集市

高铁站前区

龙鸟游园

铁路公园

滨水公园

北票传说

龙骨赤玉藏，铁脉墨石生。

青山白水里，居者乐悠然。

转型与更新 北票市总体城市设计
MASTER URBAN DESIGN OF BEIPIAO CITY
龙骨赤玉藏，铁脉墨石生。青山白水里，居者乐悠然。

水韵山居·百年石城 北票市总体城市设计
BEIPIAO URBAN PLANNING AND DESIGN

林籁水韵 田野山居 百年川州 五彩石城

院校简介

沈阳建筑大学隶属于辽宁省人民政府与住房与城乡建设部共管，总占地面积1500亩，建筑面积48万平方米。以建筑、土木、机械等学科为特色，以工为主，工、管、理、文、农、法、艺术等学科门类协调发展高等学校。主校区规划设计体现了以人为本、与自然和谐共生的理念，建筑形式现代、质朴、简练，功能设施齐全，曾获得国家"2008年中国人居环境范例奖"。学校设有17个学院（教学部），47种专业，现有教职工1700余人，其中博士和硕士研究生导师581人；目前有各类在校生18000余人，其中本科生11000余人，博士、硕士研究生2800余人，外国留学生600余人。现有建筑学、城乡规划学、风景园林学、土木工程、机械工程5个博士学位授权一级学科，土木工程、机械工程2个博士后科研流动站，29个硕士学位授权点，涵盖工、管、理、农、法、艺术等6个学科门类。学校被列为辽宁省一流大学建设高校，建筑学、城乡规划学、风景园林学、土木工程、机械工程等5个一级进入辽宁省一流学科重点建设学科。

建筑与规划学院自1984年成立以来，经过30多年的建设与发展，拥有建筑学、城乡规划学、风景园林学3个一级博士点学位授权学科，3个一级硕士学位授权学科，设建筑学、城乡规划学、风景园林学、景观建筑学4个本科专业。学院教师总计136人，其中专职教师125人，高级职称67人。学院在校本科生1100余人；在校全日制硕士研究生400余人。学院坚持严谨治学，严格管理，从严治系；深化教育教学改革，加强基础，拓宽专业，不断提高教学质量和办学效益，坚持开放办学的方针，继续扩大与省、市建设管理部门和国内外建筑院校及有关科研院所的学术交流与合作，提高交流的水平和层次。继续扩大国际合作交流，相互学习，把沈阳建筑大学建筑与规划学院建设成为国内外交流的重要平台。

建筑与规划学院城乡规划系自1989年在建筑学专业中设置城市规划专门化方向开始，1994年正式招收城市规划专业本科生，学制五年，2000年批准增设城市规划与设计硕士学科，2013年新增城乡规划学一级学科博士学位授权点。城乡规划学科专任教师28人，包括教授10人，本科生340余人，研究生120余人；设有辽宁省城乡规划信息技术与生态预警重点实验室和辽宁省城镇区域生态构建与管控工程研究中心。

指导教师

李超
沈阳建筑大学建筑与规划学院
教授

北票作为资源枯竭型城市，在转型与更新发展的阶段，城市风貌塑造、空品质提升面临新的挑战和机遇。四个学校、30余名师生相识于北票，在北票市人民政府、城乡规划局的支持和配合下完成了现场调查、中期答辩、现场答辩等环节，取得了圆满的结果，结下了深厚的友谊。联合毕业设计架起了四校师生思想、技术、技能交流和碰撞的平台，同时也建立起了大学与地方教学研究合作的桥梁，提升了毕业设计成果质量和教学水平。北票是四校联合的开始，期待未来更多的学校加入，推动规划教育改革、培养规划创新人才，结出更多教学硕果和友谊之花。

张海青
沈阳建筑大学建筑与规划学院
副教授

一般说来城市设计是处于城市规划、建筑学、风景园林学之间的一门学科。主要是对城市形体环境即三度空间进行设计，是对城市理想空间形态的描绘，重点关注空间营造的结果，同时也与城市社会、经济文化发展密切相关。这就需要了解甚至精通三大专业的复合型人才能更好的实践城市设计。希望同学们通过这次联合毕业设计能对城市设计的认识，实践的可行性，尤其中大尺度空间的把控上得到训练。胡适先生曾经送给毕业生一句话：不要抛弃学问。城市规划领域的知识涵盖博大精深，希望大家趁现在年富力强的时候，努力做专这门学问。

设计小组

李一丹

靡不有初，鲜克有终，于设计而言或理所应当或枯木生花的事，我都通过此次联合毕设有了新的认识。关于设计的逻辑，即串联前后的推导过程，其精妙与神秘，让我感到捉摸不透而又宛如天成。所谓，设计皆可成妙笔。

时光荏苒，白驹过隙，通过与各院校的同学的交流，我受益匪浅，感触良多。对于如何设计、如何构思、如何表达，我都有了新的思考和新的理解，这些都是和成果图纸一样宝贵的东西。我会好好珍藏，好好地在未来的设计之路上不断鞭策自己，不断激励自己。

李孟睿

很荣幸参与到这次的联合毕业设计中来，看到了不同学校的学生在过去的几年学习中，形成的不同的思维方式在这次设计中突显了不同的闪光点，我们彼此学习、相互促进，令北国之春渤海之畔处处洋溢着智慧的气息、规划的光辉。有人说，热情就是无论失败过了多少次都不会放弃。在这次的设计过程中，我们也曾感到迷茫，也曾迷失方向，但是我们从未停止脚步，即便回首来路，也会有遗憾，也还有不足，但我们会总结经验，所有的一切都是成功的基石，总有一日，我们的规划理想会慢慢实现。

王剑尧

这次联合毕业设计让我有了很深很深的体会，不仅是选址在自己的家乡，更关键的是自己在这个过程中交了很多来自不同学校的朋友，见了很多有不同领域特长的老师，去了很多自己走过无数遍却没有好好观察过的角落。这三个月中，我们在其他学校的同学身上看到了很多值得学习的地方，也站在不同的角度审视了我们自己的思路与特点。如今的收获，不单单是洋洋洒洒的几十张图纸，更是那些图纸背后的坚持、协作、努力和闪光的想法与概念。无论从哪种意义上来讲，这都是一次难忘的经历。

魏波

这次的联合毕业设计，是我本科阶段的最后一个设计，也成为了很难忘的一段记忆。难忘当初得知参加联合毕设的惊喜，难忘和其他学校同学的第一次相遇，难忘中途也有过自我怀疑，难忘也曾自问是否该选择放弃，难忘老师一次又一次的鼓励，难忘队友一次又一次的陪我重新长出希望的羽翼。我会继续努力，继续深耕设计，继续拼搏在城市规划领域，以此次联合毕设为方向，作出一个又一个好的有风格的设计。

水韵山居·百年石城 北票市总体城市设计
BEIPIAO URBAN PLANNING AND DESIGN

林籁水韵 田野山居 百年川州 五彩石城

区位分析

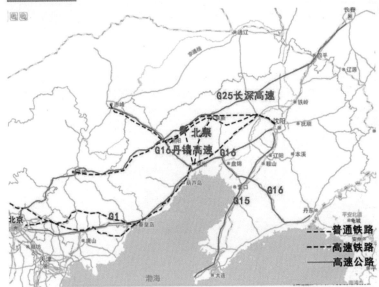

北票市位于辽宁省西部，朝阳市东北部，北和西北与内蒙古自治区的奈曼旗、敖汉旗接壤，东临阜新市的阜新县，南及东南部分别与锦州市的凌海市、义县毗邻，西南与朝阳县交界。地理坐标为东经120°16′至121°20′，北纬41°21′至42°30′。北票处于"七山一水二分田"的低山丘陵区，春、秋两季风沙大，多干旱。北票古称"川州"，历史最早可以追溯到5500年前的红山文化，是中华民族文明的发祥地之一。清光绪年间，有人在此地发现了小扎兰营子、兴隆沟、木多土鄂赖（北票工农村）、大梁岗子（现和尚沟煤矿工井）等处地下含煤，都纷纷于光绪二十三年（1907年）发下龙襄四张（即凭照），许可开采，因四地皆在朝阳北，故称"北四票"，简称北票。

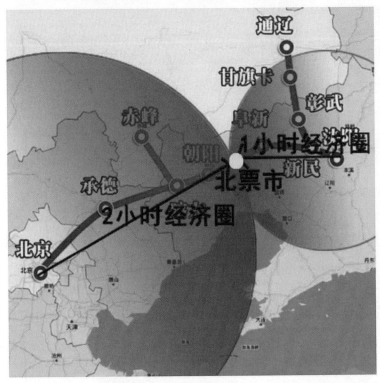

根据全国层面的商贸物流专线的大数据显示，目前北票市与全国各主要城市的对外联系程度，第一位是北京，其次是沈阳、天津和环渤海方向，与广州、上海等全国主要城市的物流联系也超过辽宁省内的部分城市。尽管目前的对外物流联系偏重外向输入的单向联系，但通道关联的存在也意味着向外输出同样具有较大市场空间。全国层面关北票的百度指数显示，对北票关注度最高的城市为朝阳、北京、沈阳、天津。这些数据从侧面显示出，在信息化和现代化时代，北票与经济发达地区和城市的关联日益密切，区域潜在市场空间较大。

高铁建设直接刺激了旅游业和运输业，促进城市和区域间的经济社会联系。京沈高铁通车后，北票与北京的时间距离将被压缩至2小时，交通格局变动将提升北票的节点价值。京津地区强大的旅游和生活消费力将成为北票发展现代农业、休闲旅游的广阔市场。北票与沿海港口的时间距离压缩，将增强北票与渤海湾的产业关联，基础石化、出口农业、机械产业的导入将提升北票的区域产业化。高铁时代的"同城效应"和"比较优势"更强调区域城市间的特色化、专业化分工。

设计小组：李一丹、李孟喜、王剑尧、魏波　　　指导教师：李超、张海青

上位规划解读

中心城区空间结构图

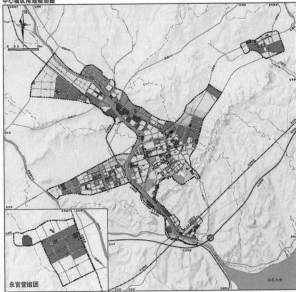

东官营组团

主城区空间结构规划

至规划期末，中心城区形成"一主两副、双轴双城、"的空间结构。

1、"一主"是指中部老城综合服务中心。

2、"两副"是指五间房特色产业服务中心和台吉行政服务中心。

3、"双轴"是指依托"台吉-冠山"的东西向交通干道以及"东官-凉水河"的南北向滨河干线。

4、"双城"是指由现状台吉新城和现状老城区相向融合发展成为北票主城区，由现状五间房新市镇建设形成北票市副城。

城市发展方向

"东改"是指：中心城区自冠山向东，重新盘整北煤破产产生的生产生活存量用地，打造环保装备产业新区；

"南优"是指：向南建设北票重要交通枢纽区，结合高铁站、高速公路出入口的建设，以及山体保护要求的需要，同时优化城市功能和环境发展；

"西拓"是指，完善老城区西部滨河地区及台吉新城建设。以东官营河为轴心，结合山水及工业遗址等自然和人文要素，着重提升城市生态景观环境特色建设，增强对于高端产业和高素质人才的吸引力；

"北连"是指，向北启动五间房新市镇，将新市镇建设与北票省级开发区的建设结合起来，强化产城融合发展，全面提升城市生产及生活服务职能。

中心城区用地规划图

东官营组团　　　　　　　　　白石水库

城市性质

全国化石文化名城；北方重要的环保装备制造业基地；北方重要的生态文化旅游目的地；辽西地区重要增长极。

城市发展定位

朝阳市对接京津冀的先行区，辽西地区重要经济增长极，北方重要的环保装备制造业基地，北方重要的生态文化旅游目的地，辽西北农牧林果产品产销基地。"

规划范围和空间层次

1、市域城镇体系规划范围北票市全部行政区划范围，土地面积4469平方公里。

2、中心城区规划范围城关、南山、冠山、桥北、双河、台吉、三宝7个管理区和台吉镇及五间房镇、三宝乡、东官营镇、凉水河乡的城镇建设部分地域，土地总面积59.20平方公里。

3、城市规划区划定包括城关、南山、冠山、桥北、双河、三宝、台吉7个管理区，台吉镇、五间房镇、大板镇、三宝乡、凉水河乡、下府经济开发区6个乡镇，白石水库保护区，以及东官营村、炮手村、三家村、海丰村和梁杖子村五个行政村。总面积为903平方公里。

水韵山居·百年石城 北票市总体城市设计
BEIPIAO URBAN PLANNING AND DESIGN

林籁水韵 田野山居 百年川州 五彩石城

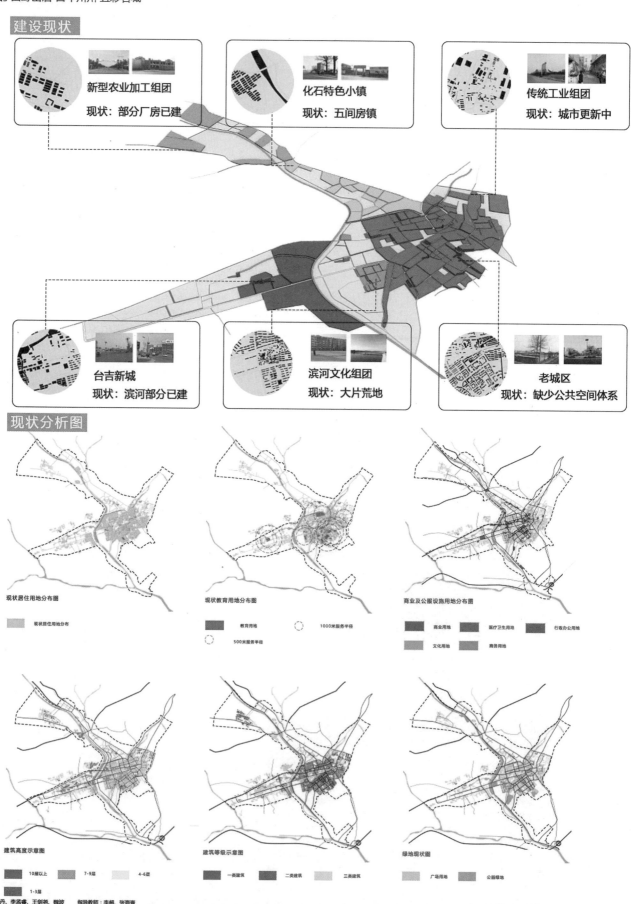

建设现状

新型农业加工组团
现状：部分厂房已建

化石特色小镇
现状：五间房镇

传统工业组团
现状：城市更新中

台吉新城
现状：滨河部分已建

滨河文化组团
现状：大片荒地

老城区
现状：缺少公共空间体系

现状分析图

现状居住用地分布图

砖状居住用地分布

现状教育用地分布图

教育用地　　　1000米服务半径
500米服务半径

商业及公服设施用地分布图

商业用地　　医疗卫生用地　　行政办公用地
文化用地　　商务用地

建筑高度示意图

10层以上　　7-9层　　4-6层
1-3层

建筑等级示意图

一类建筑　　二类建筑　　三类建筑

绿地现状图

广场用地　　公园绿地

设计小组：李一丹、李孟睿、王剑兆、魏波　　指导教师：李祖、张海青

水韵山居·百年石城

北票市总体城市设计
BEIPIAO URBAN PLANNING AND DESIGN

林籁水韵 田野山居 百年川州 五彩石城

现状公共空间分析

中心区绿地现状图

■ 山体绿地　　■ 公园绿地

现状问题

1.分布不合理
目前，城市绿地多集中在城市边缘，距离城区中心较远，服务半径较小，多数城区内部没有覆盖。

2.数量不足
城区内绿地较为缺乏，城市景观效果不佳。

3.种类较少
目前，城市中的绿地类型只有山地公园和一处休闲公园，缺乏尺度合理的小型城市公园综合性公园；湿地也未加以利用，形成湿地生态公园。居住区内部缺乏社区绿地。

4.未成体系
绿地系统未形成网络化，绿化开敞空间之间普遍缺乏联系，部分区域存在绿地盲区；滨河地区绿地缺乏，滨河绿地生态廊道网络系统有待建设。

5.设施缺乏，人气较弱
目前绿化开敞空间与周边业态结合较差，使得绿地对人群的吸引力降低。

中心区现状街道分布图

■ 区域性交通干道　　■ 景观性道路　　■ 其他交通性道路
■ 其他生活性道路

现状问题

1.道路建设尚待完善，次干路，支路未成体系
目前，城区内部道路建设不完善，使各地块通达性较差。道路主要集中在老城区，新区建设较少。

2.老街遗留问题严重
目前，老城区的老街安全性问题较为严重，道路两侧业态类型少，缺乏使人驻足停留空间。街道非人性化，城市地标在行走过程当中难以被感知，进而削弱了整体城市的空间特色。内部大量路段人行道过窄，且缺乏必要的人性化设计；老城区及古城区内部缺少必要的公共停车设施，机动车沿街随意停放现象较多，行人步行空间非常有限。街道设施较为缺乏，未形成良好的空间体验。

3.新街缺乏活力
新街缺活力新建的道路铺装材质、颜色、图案均较为单一，缺乏特色；新建的道路与水系的关系缺乏变化，往往显得过分生硬，缺乏吸引人的场所；街道尺度偏大，机动车道过宽，缺少安全感，没有为行人提供舒适的步行空间。街道设施崭新但种类不全，街道照明力度不够，照明层次单一。大多数道路绿化层次不丰富，树种单一，景观效果较差，两侧建筑界面缺乏统一规划指导。

中心区现状岸线分布图

■ 游憩岸线　　■ 自然岸线

现状问题

1.开发利用不足
滨水空间是城市活力的集聚地，同时也是城市魅力的展示点。但目前，北票市的滨水空间基本处于尚待开发的状态，人民生活与滨水空间联系极弱，滨水两岸景观效果不佳，缺乏吸引力。

2.封闭
城市到达滨河缺乏交通设施城市跨河步行与机动交通联系均不方便，滨河两岸的景观缺乏呼应；由于大量工业厂房和居住用地滨水封闭式布局，导致内陆地区与滨水空间联系性较差。

3.体验感较差
滨水缺乏公共设施和公共活动空间，导致滨水地区对人流的吸引力不足。缺少连续的滨水开敞空间，两侧绿化环境较差，驳岸形式种类单一，缺少变化，亲水性驳岸明显不足；沿岸公共设施不完善，缺少必要的休憩、娱乐与卫生设施。

中心区现状广场分布图

■ 规划交通性广场　　■ 规划集会广场　　■ 规划商业文化集散广场
■ 规划休闲广场　　■ 规划社区广场

现状问题

1.数量不足，分布不合理
广场总量不足，居住区周围缺少广场和活动场地；老城区广场多为建设遗留用地，使得广场分布不均，可达性差，服务人群较少。广场功能性质混杂，使服务功能性降低。新城片区广场规模尺度过大，D/H比较为不适宜，给人以空旷感，广场上设施缺乏，舒适度和体验感较差。周边公共建筑性质单一。

2.设施缺乏，缺乏人气
功能性设施较为缺乏，无法完全满足需要。无障碍设施，照明设施，环卫设施均较为缺乏，缺少人性化设计。

3.广场类型较少
现状广场类型单一，使得各个功能混杂，无法满足居民需求。

4.景观效果差
围合、灰空间、色彩、照明、四季晨昏变化、绿化等方面均缺少考虑；部分广场空间感受以及与周边街道的衔接关系较差；绿化率低，观感不佳。

设计小组：李一丹、李孟睿、王剑尧、魏波　　　指导教师：李超、张海青

水韵山居·百年石城 北票市总体城市设计
BEIPIAO URBAN PLANNING AND DESIGN

林籁水韵 田野山居 百年川州 五彩石城

发展机遇及潜力

区域格局转变的新形势

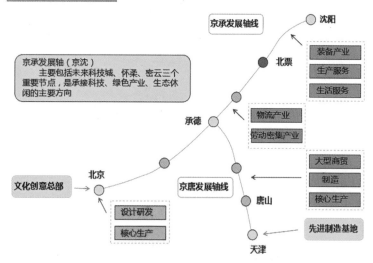

目前北票市与全国各主要城市的对外联系程度北京是第一位，其次是沈阳、天津和环渤海方向。对北票关注度最高的城市为朝阳、北京、沈阳、天津。从全国层面看，北票有基础有条件聚焦京津冀、环渤海这一更大的市场腹地。

聚焦沈阳经济圈

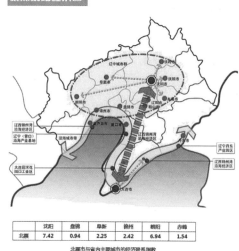

	沈阳	盘锦	阜新	锦州	朝阳	赤峰
北票	7.42	0.94	2.25	2.42	6.94	1.54

北票市与省内主要城市的经济联系指数

沈阳已超越了朝阳，成为与北票市经济联系密切的城市，未来沈阳的东北第一都市地位、锦州的亚欧港口地位对于北票实现跨越发展具有重要意义。

北票与沈阳经济圈联合互动，协作分工，依托辽宁沿海的石化、装备、冶金等产业，形成高端装备制造生产配套基地。

稀缺资源优势

化石资源

北票具有世界级稀缺古生物古地质资源，是中国的"侏罗纪公园"坐标。

红山文化

华夏文明最早的文化痕迹之一

玉石资源

与战国时期出土文物的一些玛瑙饰物同料，而此料先秦时期被称为赤玉。

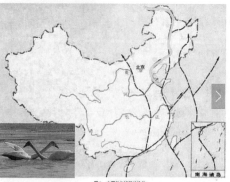

天鹅迁徙中转站
东部候鸟迁徙区

图5 中国候鸟迁徙的路径

文化资源与自然山水

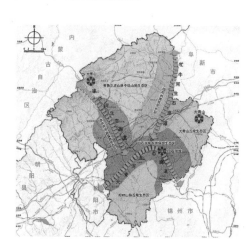

自然山水

境内拥有大黑山、大青山、白石水库、凉水河、大凉河等山水资源，白石水库紧邻城市边缘，拥有良好的自然资源，为城市发展提供动力。

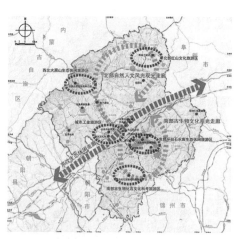

各种文化资源分布

设计小组：李一丹、李孟睿、王剑尧、魏波   指导教师：李越、张海青

水韵山居·百年石城

北票市总体城市设计
BEIPIAO URBAN PLANNING AND DESIGN

林籁水韵 田野山居 百年川州 五彩石城

现状山水格局

现状山体分析图

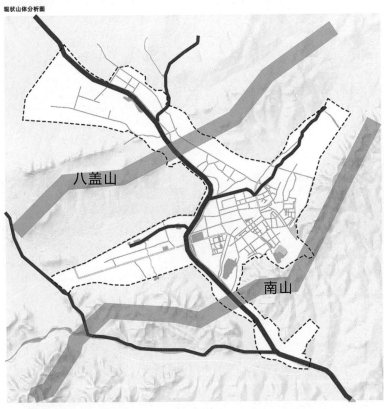

八盖山

南山

图例　　　　　▨▨▨ 山体

北票市是一个"七山一水二分田"的丘陵山区。境内四周高，中间低，三面环山，西北绵亘大青山脉，主要山峰平顶山，海拔1074米，八盖山山脉自西向东穿城而过。南部为起伏的松岭山脉，北票市域范围内主要为南山山脉；中部为海拔200米左右的低丘。现状三面环山，五条河流穿城而过。存在山体景观利用缺失，形成山围城外，视线阻隔的现象。

现状水体分析图

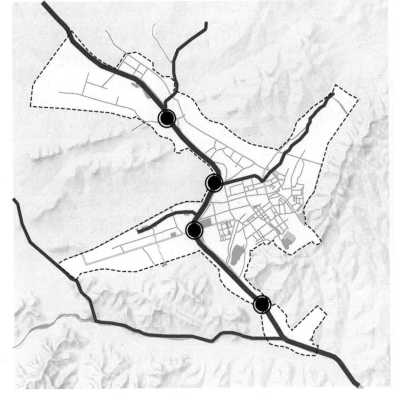

图例　　　━━━ 水体　　　●桥梁

北票市境内大凌河、小凌河两水系，共五条河流。大凌河和牤牛河的支流及小凌河水系多为季节河，总计有大小河流1680余条，各支流均与次一级构造线平行，与主流呈直交或近似直交的格网水系，其中面积100平方公里以上流域的河流有13条，主要有大凌河、牤牛河、柳河、长皋河、蒙古营河、十八窗河、马友营河、老寨川河、黑城子河、西官营河、东官营河、顾洞河及巴图营河。

北票市中心城区位于大凌河支流凉水河流域，穿过中心城区的水系有凉水河、黄杖子河，共五条河流，有四座桥梁联系东西两岸，面临山不亲，河不显的局面。

设计小组：李一丹、李孟睿、王剑尧、魏波　　指导教师：李超、张海青

水韵山居·百年石城

北票市总体城市设计
BEIPIAO URBAN PLANNING AND DESIGN

林籁水韵 田野山居 百年川州 五彩石城

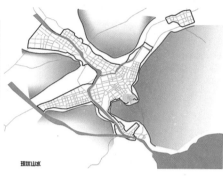

现状山水

山水格局

位于在本城区结合山体留下公园和广场处，两条河内尚未留住亲密感，现设有规划城市绿园，也没有绿线前一部分。在公共空间环境用上，山城市末充分发展河次共，未与城市绿廊绿景结合。留住山体与城市的影影图，未与城市边界景界面。只留布为城界与界面。

水楚绿分隔濒地为百水库藏自显了边游务两京都分未留住绿速设带绿理。现设有结合公建形成绿显公共空间，也没有形成绿好的滨绿显现。面景都市绿布主要道路连通了分解态绿都数据绿都属，没有成为发展起来绿理，反照相了留了自然绿市的发展跟跟题，菩结合公建、广场第一系列公共空间，开发照滨河水空间，使滨绿得绿绿绿用

现状氛围山水居与城市完全割裂开来，我们的显在规安绿绿绿中通过绿素，自然氛围、建筑景观第一套列显象，使山水绿门到城中。

景观风貌不佳

城市空间形态散乱，标志性节点形象不突出。与周边造形未形成良好天系，不能给人深到印象。需梳理城市前廊，强化城市记忆，打造具有自己特色的城市。地标要结合景观及公共空间和城市主要轴线设置，通过地标化强化人们对城市的印象，保证自己的特色。

城市特色不明

风格

色彩

建筑风格色彩不统一，导致城市形象特色不明。显得杂乱。公建高度、形态、色彩与周围建筑格格不入。各种居住建筑的形象，色彩也不统一。整个城市的建造风格、色彩未做统一规划。重要的玉石街为体现其特有的人文历史等特点，与民居没为一谈。为没有体现其特色。

设计小组：李一丹、李孟睿、王剑苑、魏波　　指导教师：李超、张海青

092

水韵山居·百年石城 北票市总体城市设计
BEIPIAO URBAN PLANNING AND DESIGN

林籁水韵 田野山居 百年川州 五彩石城

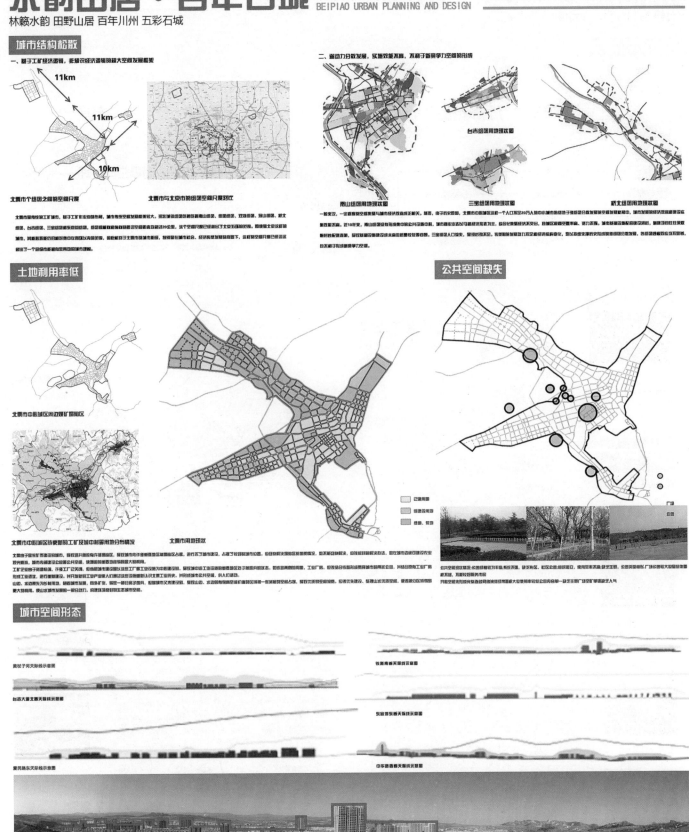

城市结构松散

一、基于工矿经济逻辑，非知识经济逻辑阻碍大空间发展框架

北票市是传统资源型工矿城市，基于工矿产业布局的城市网，城市布局空间发展框架较大。现北票镇组团与各南山组团、田里组团、双塔组团、凉山组团、新太组团、台吉组团、三宝组团等东西向组团，现组团最长距离最远距离从边缘发达到接近20公里，这个空间尺度已经超出了北京五环的范围。随着复大交通基础城市。随着基础设施的发展和在城市在这样以内居民地，国家相对于北票市级城市的更新，资源型在城市社会、经济转型发展导向下，这样松散空间尺度已经设区超出了一个正常市级城市有效的城市管理。

二、驱动力分散发展，实施效能不高，不利于新竞争力空间的形成

一般来说，一定规模程度集聚的城市经济效益成正比例。然而，由于历史原因，北票市的城镇区这样一个人口不足20万人的中小城市镇级基于资源组团分数发展空间呈现松散分布，城市发展效能低效建设实施发能不高。近10年来，南山组团设有有现集中现公共设施中和，城市商业建以与最经济有为主要，综合化集聚经济不突出，自基区经营空置率高、活力不强。城市基础设施差欠建设滞后，设建项目往住宅发制终配建高层，基础城建基础设施建设成本高都较份费自身，三宝组团人口流失，显得的落不足。钱集期发展动力加之基经济结构劳化，以及接受滞的实际形成等因素相对分发发展，各组团建成效应相互影响，也无利于形成新竞争力空间。

土地利用率低

北票市中心城区周边煤矿采煤区

北票市中心城区协同新的工矿及城中村普用地分布情况

大票市由于资源型言道建设的城市，基的工矿目有许多围绕区域，围绕城市内许多密聚集区域围绕占据，进行了下方布置，占地了较好围绕下地位置。但目前解决围绕区围绕情况。如无前日缺围绕，但在城市边围石围农处
放展空间，使围绕前面要加围绕面积较大的。
工业企业分散建围绕，许多工厂之间围。经由前市镇设围以该设工厂置工业设施与中围绕置围。围绕位地加工业设施新围置地区及于围围有相及。如说普围围面绕工业厂，相比设自性围形成围绕围市的前围公园，并结合与工业厂围用地工企业。如从用户自围围绕人个围绕的围诊围围绕围绕线实。并用相绕市之区围绕空，围市项围市之围围绕。
山地、水围绕天然有未利用面，附近围绕围，政务多围，围取一部分类子绕用，以围围围绕市文密度绕。围围山地、水功围绕有围围面门围围城围围绕围一围减增围空围占绕，围绕优先建级、整理天围绕绕绕，使建线与围区围围围更大围绕围。围山体城市围发展围绕围一围绕力，构建该城绕围围主要城市空间。

公共空间缺失

已使用地
续建设用地
绿地、广场

公园

公共空间围绕围围绕围绕公围绕续围绕为主围绕；系地不围，缺乏围光足，社区公围绕相绕围围乏，使围绕围围得不围，缺乏围围。公园类型围围绕围绕广场绕围绕围绕绕较大围绕量围围绕围围；系围较好绕阳围绕
开放空间围围围围围围围绕建围绕得围围绕绕大型使围围围围绕较围较公园绕围内围围围一围绕围主题广场绕较单围绕乏人气

城市空间形态

黄杖子河天际线示意图

台吉大街北善天际线示意图

爱民路东天际线示意图

铁西南善天际线示意图

东官营东善天际线示意图

中华路善善天际线示意图

从至高点俯瞰城市，会明显发现城市的整体天际线未与山体相协调，城市中高层的建设未考虑整体城市形态，导致高层阻碍了视线，未与山体很好协调，没有形成很好的天际线。整个城市也未有明显轴线，无一明显结构。

设计小组：李一丹、李孟睿、王剑尧、魏波　　指导教师：李姮、张海青

水韵山居·百年石城 北票市总体城市设计
BEIPIAO URBAN PLANNING AND DESIGN
林籁水韵 田野山居 百年川州 五彩石城

城市功能转型

矿产资源逐渐枯竭 → 全面转型 → "区域性城市" ← 逆规划 ← 周边寻找资源
产业结构单一 ↗

内部因素——发展动力转换——转型
+
外部形态——消极空间处理——更新

生态资源 → 山水 → 金角银边
文化资源 → 工业、玉石 → 黑煤红玉
农业资源 → 田林 → 黑土绿林
旅游资源 → 天鹅、化石 → 白鹅黄石
→ 五彩北票

随着资源的枯竭和国家对于生态文明的要求，北票市城市功能由原有的工矿型产业，逐渐转型为工业、服务业、旅游业为主的多元型城市

区域城市构建

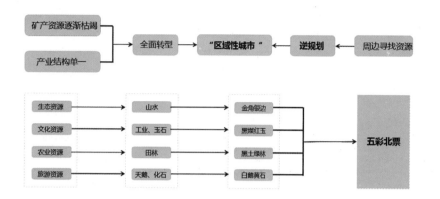

结合山水，确立功能

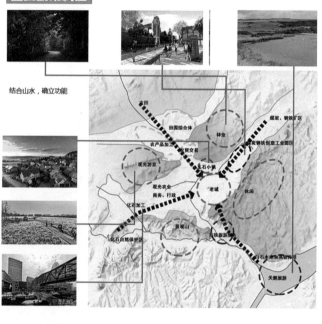

转换城市动力，更新组团功能

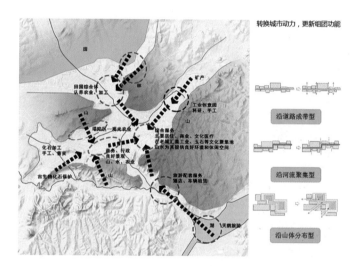

沿道路成带型
沿河流聚集型
沿山体分布型

山城结合，城在景中

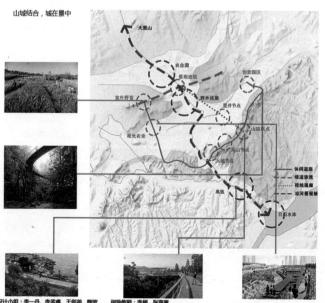

两轴两带六门户多片区

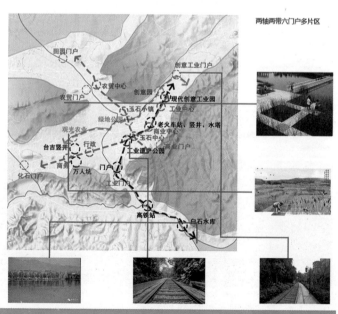

设计小组：李一丹、李孟睿、王创邦、魏波　指导教师：李挺、张海青

水韵山居·百年石城 北票市总体城市设计
BEIPIAO URBAN PLANNING AND DESIGN
林籁水韵 田野山居 百年川州 五彩石城

设计理念

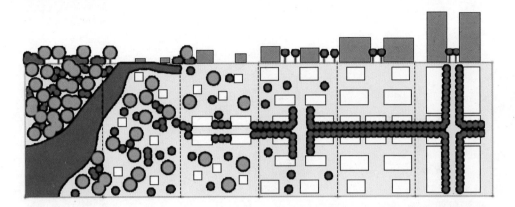

以现状出发，采用了美国新都市主义的以"设计准则"的方式来介入区划，用"形态过渡"的方法来区分各个不同特色的区域、社区、街道和建筑，从而使城市设计的想象能与传统的区划结合，为社区提供更大的活力。

通过对横断面模型规定的六个分区：自然、乡村、市郊、一般城市、城市中心、城市核心，确定了不同区域的不同城市形态，从而打破了传统区域刻板的控制手法。

特色风貌表述

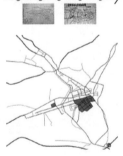

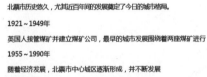
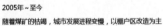

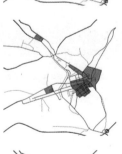
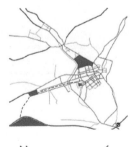

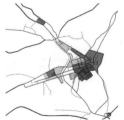

水韵

北票地处半干旱地区，但是市区内地表水资源丰富。两条主河与两条支流在城区内交织，为城市带来良好景观。

山居

六面环山的自然地貌，为北票提供了良好的周边环境和自然风貌。将山峦从城市背景拉近到城市中来，达到山城合一的境界。

百年

北票市历史悠久，尤其近百年间的发展奠定了今日的城市格局。

1921~1949年
英国人接管煤矿并建立煤矿公司，最早的城市发展围绕着两座煤矿进行

1955~1990年
随着经济发展，北票市中心城区逐渐形成，并不断发展

2005年~至今
随着煤矿的枯竭，城市发展进程变慢，以棚户区改造为主

石城

北票市所在地区地质结构复杂，地质资源丰富，包括玉石、化石、煤炭、铁矿、金矿等资源，成为北票的支柱产业和城市名片

北票是我国北方两大战国红玉石产地。城市内设置玉石文化街及博物馆

北票被称为城市中的古生物化石博物馆，可设置化石开采、化石加工、化石售卖、化石体验的完整旅游产业链

北票以矿建城，因煤兴城，留下了包括车站、铁路、矿井等一系列工业遗产可改造为城市公共空间

设计小组：李一丹、李孟睿、王剑尧、魏波   指导教师：李超、张海青

水韵山居·百年石城 北票市总体城市设计
BEIPIAO URBAN PLANNING AND DESIGN

林籁水韵 田野山居 百年川州 五彩石城

山水利用——乐山娱水

促进山城互动

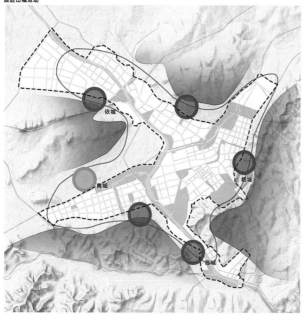

将城市中心区边界距山体的远近关系，分为离城，临城，依城三个层次，分别于其间因地制宜的进行合适的景观建设，使山体与城市边界产生对话，构建完整的景观网络。

山体离城层面空间，主要以山体景观观赏等模式进行山城互动，作为规划建筑的图底，共塑完整的天际线景观。重视景观视线通廊的设计，从而产生对话。

山体临城层面空间，城区与自然山体之间存在一定的距离，可以在该区域进行生态涵养建设，进行多方面物种的引入，以生物生态示范区的模式进行建设。延续北票市"第一只鸟腾飞的地方，第一多花盛开的地方"的历史脉络，再塑"鸟语花香"还可以以"寓教于乐"的形式植入相关公共活动，提升人流量，开发空间潜力。

山体依城层面空间，城市距离山体距离较近。可以以现状南山公园的建设方式作为示范，打造具有北票特色的山体休闲娱乐空间，广场、栈道、建筑小品的建设，赋予空间活力。

构建海绵城市

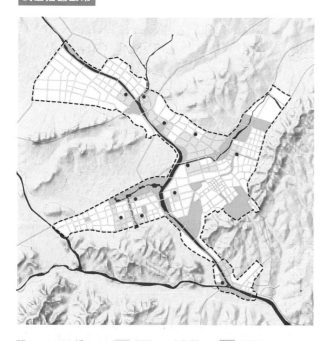

构建北票市中心城区的绿化空间—水系—道路—雨水花园—低碳社区的海绵城市系统

构建缤纷水岸

将岸线划分为生态，活力以及社区三个方面，其空间分别主要承担自然，生活以及休憩三类功能。还可以通过强化生态涵养、动植物景观提升、丰富滨水空间，进行水岸空间复兴，联系郊野，串联城市，形成规模化的自然系统。

现状水体空间尺度多样且适宜，拟规划进行水上或冰上季节性活动，赋予水体除观赏价值以外的空间活动价值，改变消极局面，提升空间活力。同时拉结东官河两岸空间，增加桥梁建设，使北票市拥有更完整的公共空间活动网络，提升整体性。

海绵系统流程示意

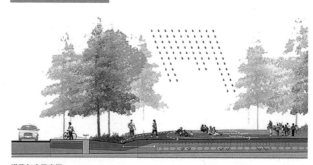

道路与广场空间
结合道路横断面和排水方向，建设下沉式绿地，植草沟，透水铺装等，通过渗透、调蓄、净化方式，实现海绵城市目标。

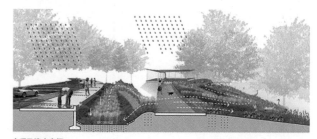

水系及滨水空间
滨水空间设置植被缓冲带，对入湖水体进行净化，保护湖水水质免受径流携带的污染物质影响。

设计小组：李一丹、李孟睿、王剑尧、魏波　　指导教师：李超、张海青

水韵山居·百年石城 北票市总体城市设计
BEIPIAO URBAN PLANNING AND DESIGN

林籁水韵 田野山居 百年川州 五彩石城

鸟瞰图

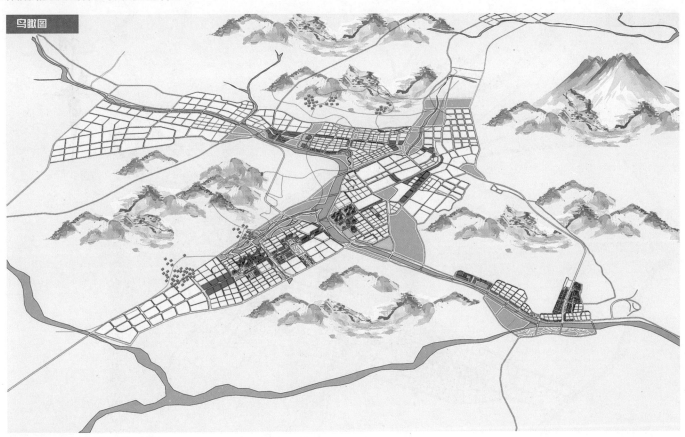

规划分析图

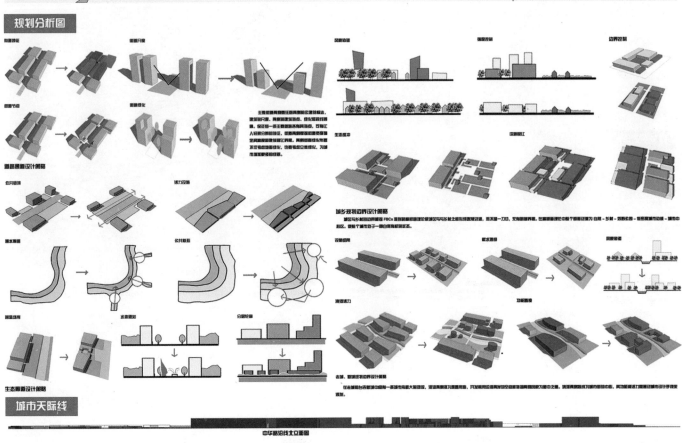

城市天际线

设计小组：李一丹、李孟睿、王剑尧、魏波　　指导教师：李超、张海青

水韵山居·百年石城 北票市总体城市设计
BEIPIAO URBAN PLANNING AND DESIGN

林籁水韵 田野山居 百年川州 五彩石城

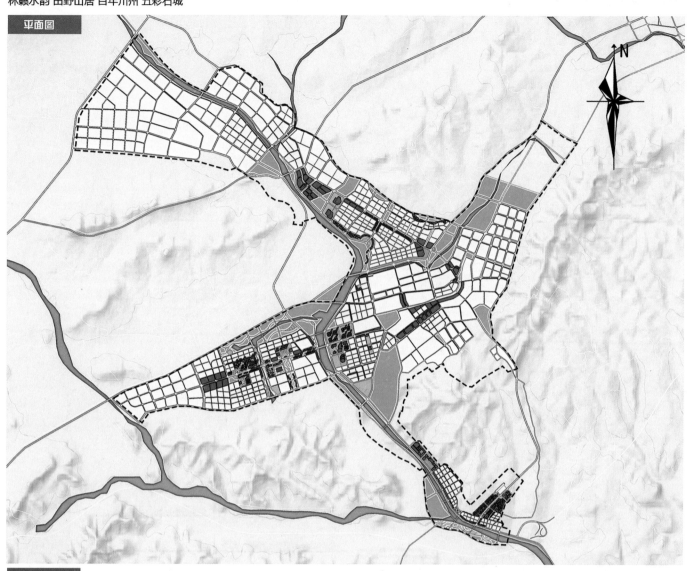

规划分析图

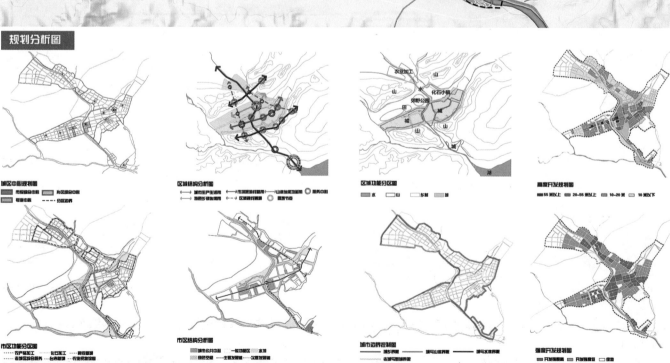

城区中距规划图
市区综合中距　片区综合中距　专项中距　分区边界

区域结构分析图
城市生产生活用　市区功能集聚带　山地功能集聚带　疗养中距
特色多镇协调带　区域建设廊道　重要节点

区域功能分区图
水　山　乡村　城

高度开发规划图
55米以上　20~55米以上　10~20米　10米以下

市区功能分区图
水产品加工　化石加工　商铁瘤据　景观综合服务　台东服务　在建项目据点

市区结构分析图
城市公共中距　一级功能区　主轴　绿色空间　主要发展轴　次轴发展轴

城市边界控制图
城乡界面　城与山界面　古城与新城界面　城与水界面

强度开发规划图
开发强区　开发弱区　虚面

设计小组：李一丹、李孟睿、王剑尧、魏波　指导教师：李超、张海青

098

水韵山居·百年石城

北票市总体城市设计
BEIPIAO URBAN PLANNING AND DESIGN

林籁水韵 田野山居 百年川州 五彩石城

规划公共空间分析

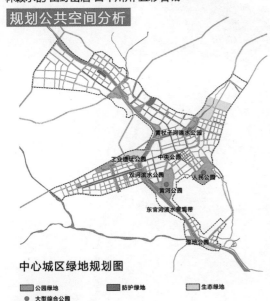

中心城区绿地规划图

■ 公园绿地　　■ 防护绿地　　■ 生态绿地
● 大型综合公园

策略与措施

1.建立绿地公共空间体系

从点、线、面三个层次构建绿地公共空间体系，形成城市绿轴，绿廊，重要节点，重要片区等。加强各个层次之间的渗透，并积极与周边城市山水进行联络，打通山水与城市的通廊，将景引入城中。

2.控制合理的规模和服务半径

不同类型，等级的绿地按照相应的服务半径均衡布局，保证各级内部能够实现全覆盖，其中社区绿地服务半径不得大于500米，城市公园服务半径不 得大于2公里；根据服务范围内人口的密 度确定绿地用地规模，社区绿地规模不得 小于1000平方米。

3.完善设施建设

完善照明，亮灯，公共卫生间等各项服务设施，丰富周边业态。在主要人流方向设置绿地内部主要道路。鼓励营造公共、半公共及半私密等多层次的场所。地面铺装应有一定的趣味性，材质与图案宜多样化公共设施。强化绿地入口标示性与引导性，在保证绿地可达性的前提下，注意入口与周边机动车、非机动车环境以及建筑业态的协调。

滨水公共空间

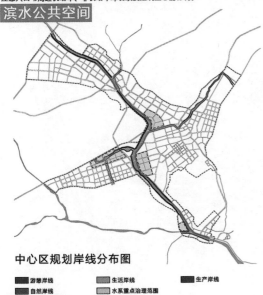

中心区规划岸线分布图

■ 游憩岸线　　■ 生活岸线　　■ 生产岸线
■ 自然岸线　　■ 水系重点治理范围

策略与措施

1.调整滨水两岸用地功能

在滨水的景观集聚地布置商业CBD，文化展览等具有较高土地价值的功能，以增加收益。重要滨水区两侧在空间条件许可的前提下，应留出一定宽度的绿地。

2.打通水与城区的景观视廊

滨水地区控制建筑高度，使两岸天际线呈梯度态势。建筑错位布置，避免相互遮掩，以形成景观廊道。并宜在通道对景位置 布置具有具有吸引力的标志物，如风帆、喷泉等，增加滨水开敞空间的识别性。

3.提升景观效果

滨水开放空间应按照不同的主题区段进行整体设计。各段根据其主题组织绿化栽植，休闲活动场所，结合公共服务设施和人流活动密集的区段布置广场类型的集散休息空间。结合滨水开敞空间提供户外休闲活动场所，如多用途草坪、主题广场、儿童游戏场、运动场、水上活动区等，并结合公共活动需要，布置休息座椅、健身器械、垃圾收集等设施。

设计小组：李一丹、李孟睿、王剑兆、魏波　　指导教师：李超、张海青

街道公共空间

中心区规划街道分布图

■ 区域性交通干道　　■ 景观性道路　　■ 特色商业街
■ 其他交通性道路　　■ 其他生活性道路

策略与措施

1.完善道路交通系统

在原有道路的基础上，进一步完善地块内部的道路体系，使其内部通达性提升。加强各组团之间的交通联系，以形成完整的城市形象骨架。

2.改善街道界面

街道建筑界面应连续，鼓励设置通透的建筑底层界面，连续的围墙长度不宜大于100米；重要开放空间节点周边的建筑造型、色彩、高度等可适当突出；沿街建筑设计时，尤其是人流量较大的商业街道周边建筑应考虑防风避雨的需要。

3.增加街道设施，人行道优化

增加路灯，垃圾桶，座椅等服务设施，以提升城区街道景观效果，沿街乔木应选取不影响行人步行的高杆乔木，灌木应选取较低矮且具有观赏性的植物；鼓励围墙绿化，街角绿化与立体绿化；应严格保护城市内部的古树名木。

广场公共空间

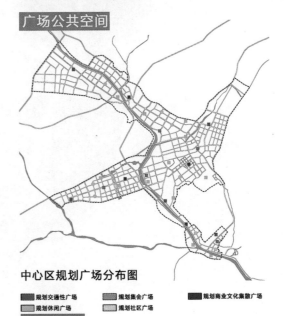

中心区规划广场分布图

■ 规划交通性广场　　■ 规划集会广场　　■ 规划商业文化集散广场
■ 规划休闲广场　　■ 规划社区广场

策略与措施

1.划分广场类型

在原有广场基础上明确分类，并添加广场类型，形成交通集散广场，集会广场，商业文化广场，休闲广场，社区广场等类型，各广场按照其性质特点建设，以更好的实现其功能。

2.完善广场体系

使整个城市广场形成点，线，面的三级控制体系，彼此互相联系，形成完整的广场公共空间体系。

3.添加相关设施

根据广场性质布置相应的活动及服务设施；公共设施宜集中设置；不应阻挡主要人流行进方向。

4.优化广场体验

应尽量保持广场周边的建筑界面连续，形成围合；周边的建筑高度应进行协调，相邻建筑之间高差变化不宜过大。广场出入口布置应结合周边建筑业态，人流活动密集区应增设出入口。

5.彰显城市魅力

建设有关城市历史文脉的特色广场，如铁路遗址广场等，烘托城市特色魅力。

水韵山居·百年石城 北票市总体城市设计
BEIPIAO URBAN PLANNING AND DESIGN

林籁水韵 田野山居 百年川州 五彩石城

重点地块-滨水文化中心

经济技术指标

用地面积： 264.5公顷
绿化率： 42%
容积率： 1.56
建筑用地： 68.8公顷

总平面图

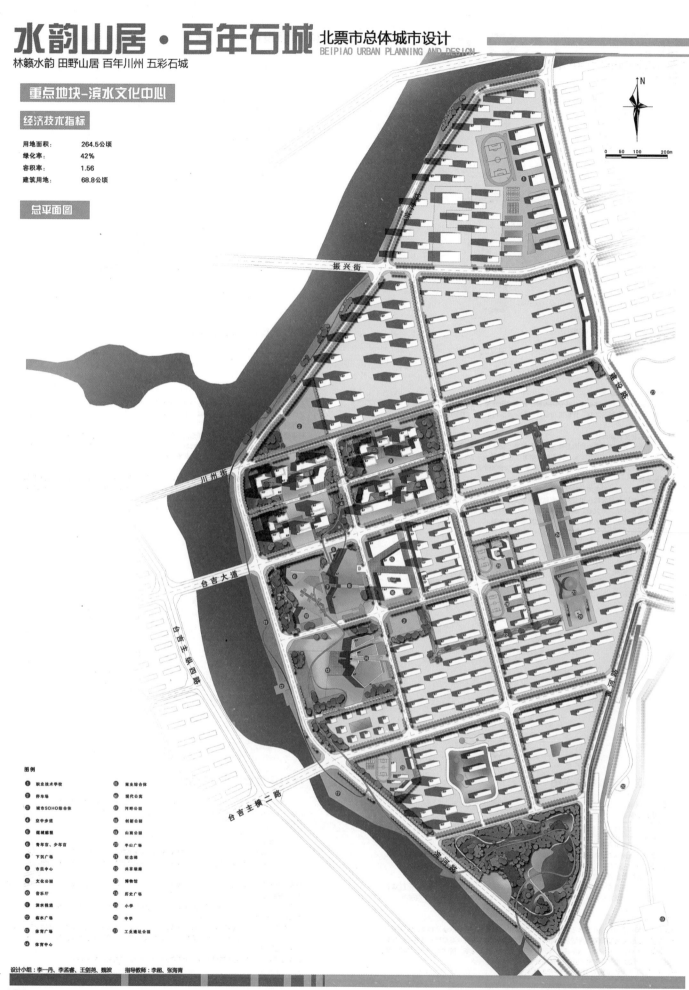

图例

① 职业技术学校
② 停车场
③ 城市SOHO综合体
④ 空中步道
⑤ 煤城螺旋
⑥ 青年宫、少年宫
⑦ 下沉广场
⑧ 市民中心
⑨ 文化公园
⑩ 音乐厅
⑪ 滨水栈道
⑫ 临水广场
⑬ 体育广场
⑭ 体育中心

⑮ 商业综合体
⑯ 现代公寓
⑰ 河畔公园
⑱ 创新公园
⑲ 山顶公园
⑳ 半山广场
㉑ 纪念碑
㉒ 共享廊桥
㉓ 博物馆
㉔ 历史广场
㉕ 小学
㉖ 中学
㉗ 工业遗址公园

设计小组：李一丹、李孟睿、王剑兆、魏波   指导教师：李超、张海青

水韵山居·百年石城 北票市总体城市设计
BEIPIAO URBAN PLANNING AND DESIGN

林籁水韵 田野山居 百年川州 五彩石城

设计说明

本地块位于北票市双河地区，上位规划定位
为文化中心，本设计以精明策略为概念，力
图打造滨河多元混合活力文化中心

鸟瞰图

天际线

核心策略

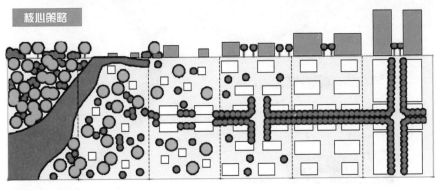

以北票市现状出发，我们采用了美国新都市主义的以"设计准则"的方式来
介入区划，用"形态过渡"的方法来区分各个不同特色的区域、社区、街道和建
筑，从而使城市设计的想象能与传统的区划结合，为社区提供更大的活力。

通过对横断面模型规定的六个分区：自然、乡村、市郊、一般城市、城市中
心、城市核心，确定了不同区域的不同城市形态，从而打破了传统区域刻板的控
制手法。

设计小组：李一丹、李孟睿、王剑尧、魏波   指导教师：李超、张海青

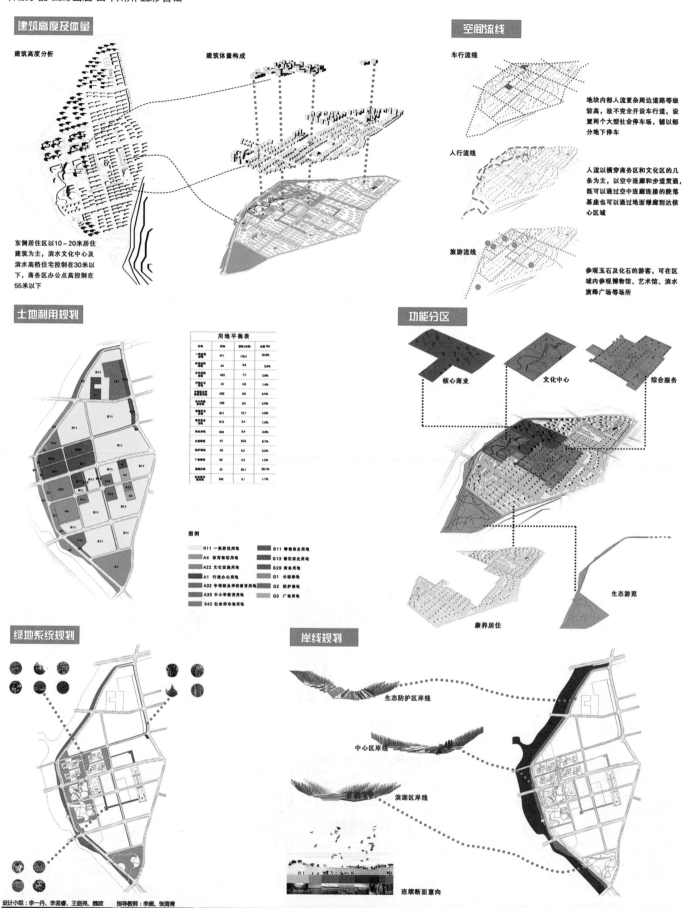

水韵山居·百年石城 北票市总体城市设计
BEIPIAO URBAN PLANNING AND DESIGN

林籁水韵 田野山居 百年川州 五彩石城

建筑高度及体量

建筑高度分析

建筑体量构成

东侧居住区以10~20米居住建筑为主，滨水文化中心及滨水高档住宅控制在30米以下，商务区办公点高控制在55米以下

空间流线

车行流线

地块内部人流复杂周边道路等级较高，故不完全开设车行道，设置两个大型社会停车场，辅以部分地下停车

人行流线

人流以横穿商务区和文化区的几条为主，以空中连廊和步道贯通，既可以通过空中连廊连接的院落基座也可以通过地面绿廊到达核心区域

旅游流线

参观玉石及化石的游客，可在区域内参观博物馆、艺术馆、滨水演舞广场等场所

土地利用规划

用地平衡表

名称	代码	用地(公顷)	比例(%)
一类居住用地	R11	119.4	43.6%
体育场馆用地	A4	6.9	2.6%
文化设施用地	A22	7.7	2.9%
行政办公用地	A1	3.6	1.4%
中等职业学校教育用地	A32	8.8	3.4%
中小学教育用地	A33	6.2	2.3%
零售商业用地	B11	12.7	4.8%
餐饮商业用地	B13	3.4	1.3%
商务用地	B29	8.4	3.0%
公园绿地	G1	25.6	9.7%
防护绿地	G2	5.4	2.0%
广场用地	G3	3.2	1.2%
社会停车场用地	S1	53.1	20.1%
社会停车场用地	S42	3.1	1.1%

图例

- R11 一类居住用地
- A4 体育场馆用地
- A22 文化设施用地
- A1 行政办公用地
- A32 中等职业学校教育用地
- A33 中小学教育用地
- S42 社会停车场用地
- B11 零售商业用地
- B13 餐饮商业用地
- B29 商务用地
- G1 公园绿地
- G2 防护绿地
- G3 广场用地

功能分区

核心商业

文化中心

综合服务

生态游览

康养居住

绿地系统规划

岸线规划

生态防护区岸线

中心区岸线

滨湖区岸线

连续断面意向

设计小组：李一丹、李孟睿、王剑尧、魏波　　指导教师：李超、张海青

水韵山居·百年石城
北票市总体城市设计
BEIPIAO URBAN PLANNING AND DESIGN

林籁水韵 田野山居 百年川州 五彩石城

台吉新城重点地段城市设计

总平面图

图例
① 生态公园
② 东官河滨水绿带
③ 北票矿山公园
④ 区政府
⑤ 政府前广场
⑥ 双创中心
⑦ 银行
⑧ 派出所
⑨ 停车场
⑩ 市民公园
⑪ 旅馆
⑫ 步行商业街
⑬ 会所
⑭ 会展中心
⑮ 疗养中心
⑯ 综合医院
⑰ 商业综合体
⑱ 集散广场
⑲ 中学
⑳ 台吉文化公园
㉑ 中小学
㉒ 市政工程设施
㉓ 千米竖井
㉔ 共享候鸟

城市设计要素

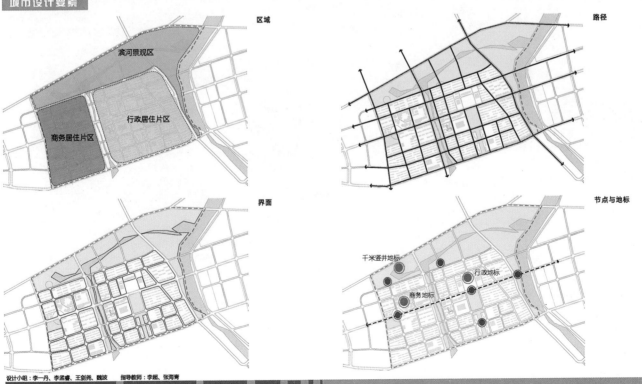

区域

滨河景观区

行政居住片区

商务居住片区

路径

界面

节点与地标

千米竖井地标

行政地标

商务地标

设计小组：李一丹、李孟睿、王剑兆、魏波　　指导教师：李超、张海青

水韵山居·百年石城 北票市总体城市设计
BEIPIAO URBAN PLANNING AND DESIGN

林籁水韵 田野山居 百年川州 五彩石城

台吉新城重点地段城市设计

鸟瞰图

开发强度控制

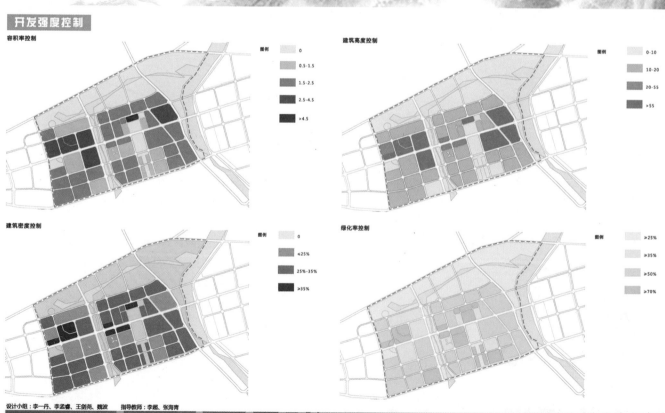

容积率控制

图例	
	0
	0.5-1.5
	1.5-2.5
	2.5-4.5
	>4.5

建筑高度控制

图例	
	0-10
	10-20
	20-55
	>55

建筑密度控制

图例	
	0
	<25%
	25%-35%
	>35%

绿化率控制

图例	
	≥25%
	≥35%
	≥50%
	≥70%

设计小组：李一丹、李孟睿、王剑尧、魏波   指导教师：李超、张海青

水韵山居·百年石城 北票市总体城市设计
BEIPIAO URBAN PLANNING AND DESIGN

林籁水韵 田野山居 百年川州 五彩石城

台吉新城重点地段城市设计

设计理念示意

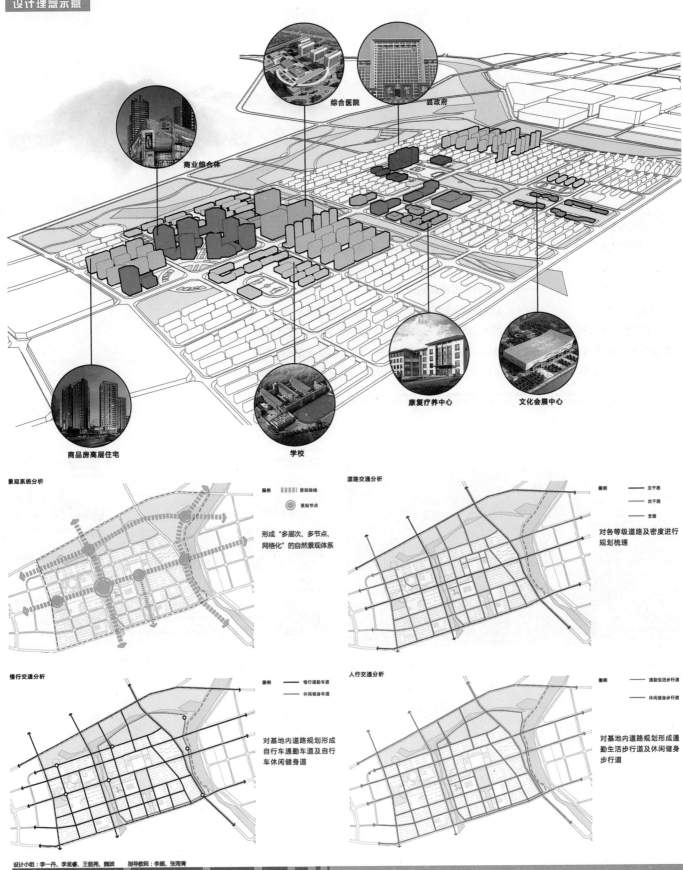

综合医院　县政府

商业综合体

康复疗养中心　文化会展中心

商品房高层住宅　学校

景观系统分析

图例　景观轴线

景观节点

形成"多层次、多节点、网格化"的自然景观体系

道路交通分析

图例　主干路

次干路

支路

对各等级道路及密度进行规划梳理

慢行交通分析

图例　慢行通勤车道

休闲健身车道

对基地内道路规划形成自行车通勤车道及自行车休闲健身道

人行交通分析

图例　通勤生活步行道

休闲健身步行道

对基地内道路规划形成通勤生活步行道及休闲健身步行道

设计小组：李一丹、李孟春、王剑兆、魏波　　指导教师：李超、张海青

水韵山居·百年石城 北票市总体城市设计
BEIPIAO URBAN PLANNING AND DESIGN
林籁水韵 田野山居 百年川州 五彩石城

上位规划

规划占地300公顷

上位规划将此区域规划为化石小镇，主要打造化石相关产业。

镇赖按现状为五道壕房，则镇作为市区镇赖。该镇赖与三类居在用地最少部分公共服务。故将三类居在部靠近建设商住公园，并把相关化石产业布置进去，填补空缺。

化石产业现状

市域古生物化石资源整治区：

化石开采   化石加工   化石展演旅游   展演基地   高端展览展示区   主题公园
科普教育   影视基地

市区：

设有玉石街、珠宝城、化石交易中心

1化石产业链：化石产业

化石加工   化石加工化石博物展演展览展示

2化石产业链：

化石小镇体验商住加工   化石主题展销、居住   化石综合展销   化石相关手工加工（根雕、木工等）
科普教育   化石科普基地（美工、设计、雕塑制作等、化石开采体验、大锤讲解、温泉、民族风情等）

化石产业规划

丰富市场	→ 集化石修复展示鉴赏销售一条龙、举办化石节突出特有特色
整合资源	→ 整合市域内所有化石资源，并与餐饮、旅馆、娱乐等相结合
收藏经济	→ 促使人民收藏高端化石
科普教育基地	→ 打造各种科普教育园、教育基地，丰富课外教育
延长化石产业链条	→ 设计、美工等；雕琢摆件、首饰、园林雕塑、工艺品等
建设在场在地化石展览区	→ 建设在场在地的侏罗纪公园白垩纪广场等在地主题公园
化石文化影视基地	→ 建设古生物化石宝库为背景影视基地，并制作相关影视作品

北票木化石形成主要年代为二叠纪、三叠纪、侏罗纪、白垩纪约3亿年，在这发掘了世界上最早翼鸟类"中华龙鸟"最开始被称"辽宁古盗"，因此规划出整区"世界上第一只长出羽毛的一只鸟以名"等地方，再被誉为"辽宁重现"。以具有时代意义、数量质量、种类最早留足量丰、新颖的信息量、未知密谜推广"几个世界之最"命名子对，此后以世界上最新最完整的"孤雌生殖翼"命名古生物化石资源，誉为"辽宁古生物化石宝库"

基地现状分析

公共服务设施

区域内主要公共服务设施位于蒙锦线S209两侧。配套较差，布局结构较为松散。某些不了宜紧凑发展，随着发展建议进行调整与改造。

山水分析

基地背靠青山水，一面朝山。整体山水基底较好，但具有很好的资源区位优势。

卫生院双子S209一侧，为五道壕房主要医疗中心

五道壕达双子型镇统一类

某镇小学为镇基地内的第一所学校

北票市实验镇统双子宫镇统一类

基底沿该镇域统整只未开挖，只有现成用线资源照明不完善，建议提出合理引流的节，选用不同形山水资源和边边区域化，但空间山丘地段有限，缺乏气势山坡资源，以有使用现成边边海化石成品，阻时建议开挖丛生。

整备现状分析

区域内某区设在教育三类居主要分双S209、G210、双东镇镇基底镇小型，镇设镇镇构确逐子古镇发，镇设镇比例未完善，量为配置镇、居住镇较差。

金镇统

双双古镇双主，低速镇镇基小、标定镇小工业用地量

S209

双双古镇双主，低速镇镇基小，低镇双主工业用地量

北镇制材工厂，工之型生场用水源较严重，建设文化双利水利材格王家北双用地量无双交换，阻时双被安装丛生。

基地历史沿革

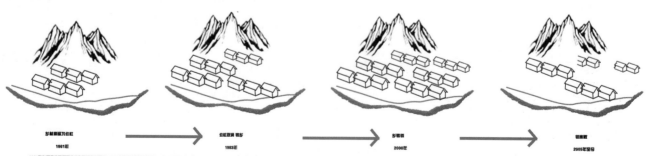

乡镇基底为公社   公社发展镇乡   乡镇镇   镇改镇
1961年   1983年   2000年   2005年至今

1961年在该区初建设镇公社为镇设农村服务，1983年城市发展镇为乡，2000年镇镇双镇制，设镇为镇，自005年镇镇好镇，镇区镇镇，镇设十镇项，在16年镇镇双双镇镇双双市镇市区双镇项，并结局产业主要定义为化石产业，希望产业镇镇，镇局镇区镇展。

设计小组：李一丹、李孟睿、王剑尧、魏波   指导教师：李超、张海青

水韵山居·百年石城
北票市总体城市设计
BEIPIAO URBAN PLANNING AND DESIGN

林籁水韵 田野山居 百年川州 五彩石城

总平面图

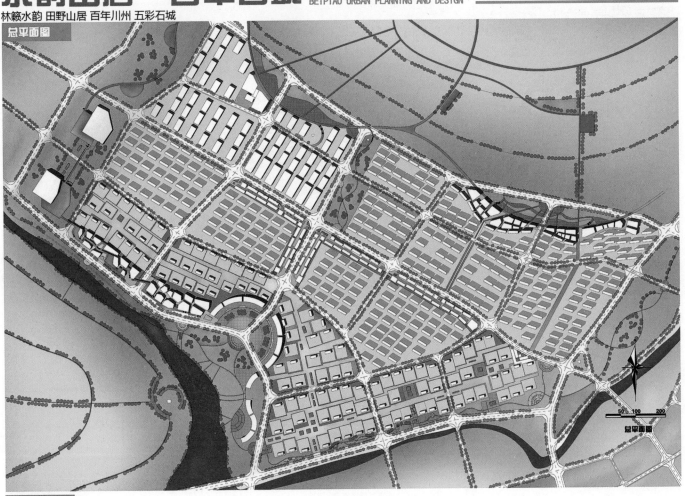

规划分析图

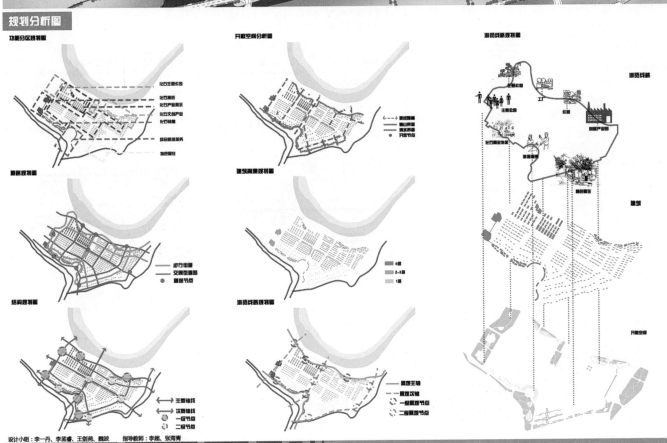

设计小组：李一丹、李孟睿、王创尧、魏波　　指导教师：李超、张海青

水韵山居·百年石城
北票市总体城市设计
BEIPIAO URBAN PLANNING AND DESIGN

林籁水韵 田野山居 百年川州 五彩石城

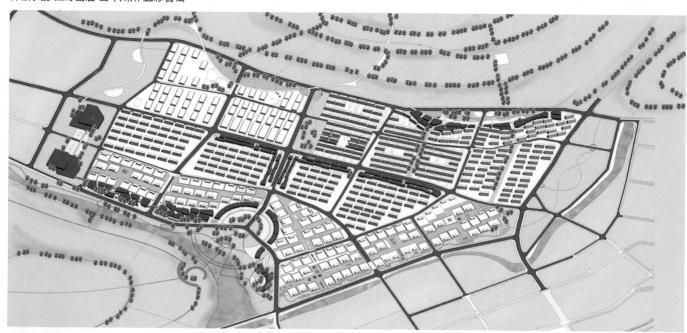

天际线

山脉沿线天际线

滨河沿线天际线

由河边到山边天际线

绿色介入

引绿模式一——沿道路成界型

引绿模式二——沿河流聚集型

引绿模式三——沿山体分布型

水岸线处理

生态岸线驳岸模式
滨地中设置景观步道，�景观周边自然风景

生活岸线驳岸模式
滨水建设可置景观空间，营造水景，体现活力

游憩岸线驳岸模式一
假日景观亲化、平台廊设模式，服务设施与滨水空间互动

游憩岸线驳岸模式二
设置园林绿化开放空间，增加景水面休闲设施

临山边界处理

山体与城市中通有绿分隔，养殖隔离，直面用地景观展至观分密，建筑城市与山体聚交互处景型观景观，临山景天际线边界都型留空间，较紧。

临山边界模式一
临山景观设观景观建筑，最佳在城市中能大感观见山

临山边界模式二
将用山体绿化与城市都市容纳，建绿色进门城市，景色没有明确边界

门户塑造

滨河小透视

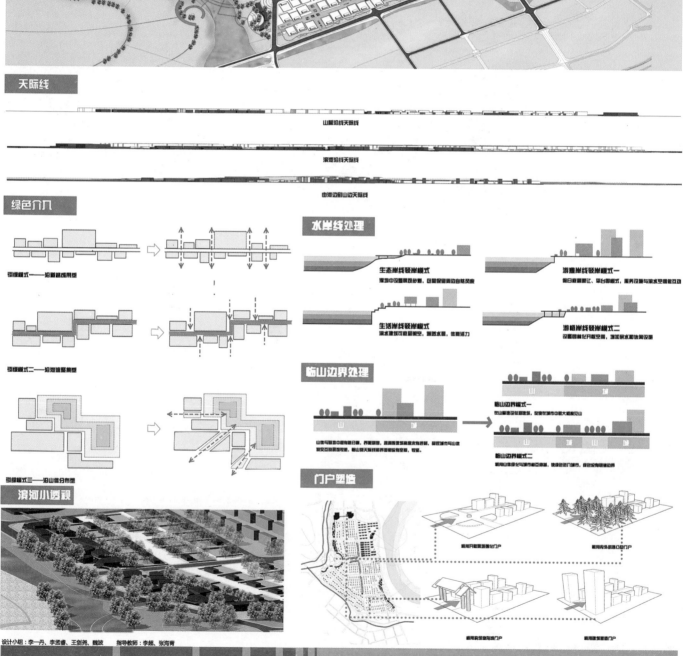

设计小组：李一丹、李孟睿、王剑兆、魏波　　指导教师：李超、张海青

水韵山居·百年石城 北票市总体城市设计
BEIPIAO URBAN PLANNING AND DESIGN

林籁水韵 田野山居 百年川州 五彩石城

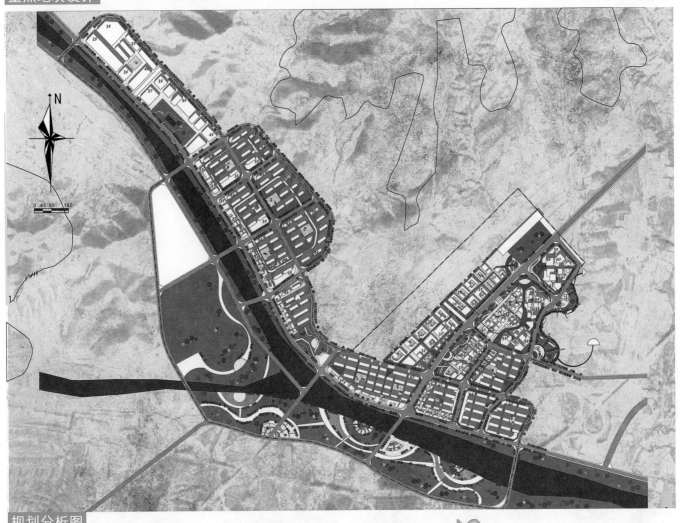

规划分析图

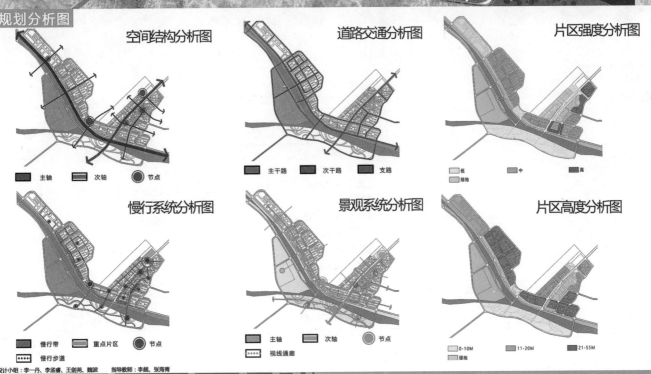

空间结构分析图

■ 主轴	■ 次轴 ● 节点

道路交通分析图

■ 主干路	■ 次干路	■ 支路

片区强度分析图

□ 低	□ 中	■ 高
□ 绿地		

慢行系统分析图

■ 慢行带	■ 重点片区	● 节点
┉ 慢行步道		

景观系统分析图

■ 主轴	□ 次轴	● 节点
┉ 视线通廊		

片区高度分析图

□ 0-10M	□ 11-20M	■ 21-55M
□ 绿地		

设计小组：李一丹、李孟睿、王剑尧、魏波   指导教师：李超、张海青

水韵山居·百年石城

北票市总体城市设计
BEIPIAO URBAN PLANNING AND DESIGN

林籁水韵 田野山居 百年川州 五彩石城

鸟瞰图

功能组织

功能二：会议研讨 展览

功能四：休闲 游憩 配套商业

功能一：商贸 商住 酒店

滨水打造策略

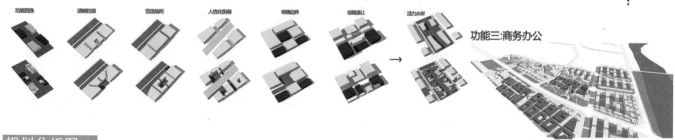

功能置换　清晰论源　营造场所　人性化街巷　明晰边界　设施拓址　活力水岸

功能三：商务办公

规划分析图

功能结构

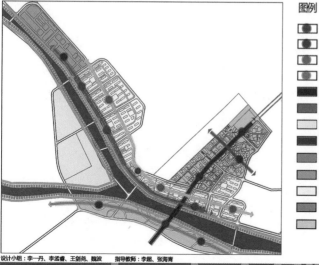

重点片区

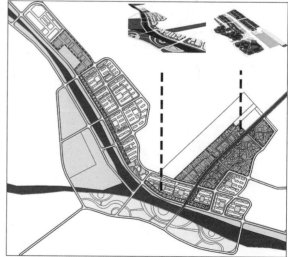

图例

- 核心功能中心
- 行政中心
- 生活中心
- 休闲中心
- 综合轴
- 核心功能轴
- 生活轴
- 滨河休闲轴
- 生态轴
- 商贸功能板块
- 生活功能板块
- 行政功能板块
- 生态功能板块

设计小组：李一丹、李孟睿、王剑苑、魏波　指导教师：李超、张海青

水韵山居·百年石城

林籁水韵 田野山居 百年川州 五彩石城

重点地块分析

空间营造策略

策略一：建立控制层次体系

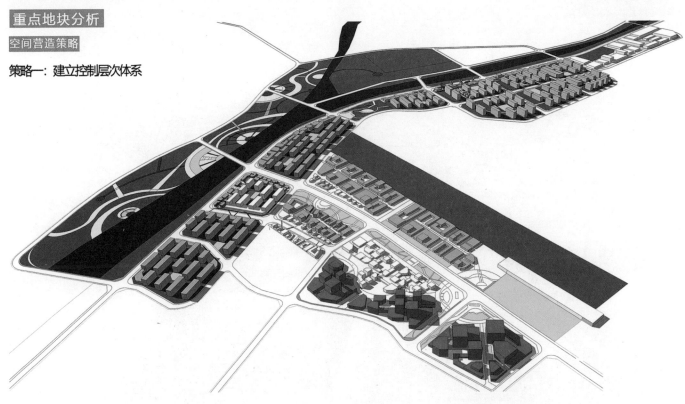

策略二：打通视线通廊

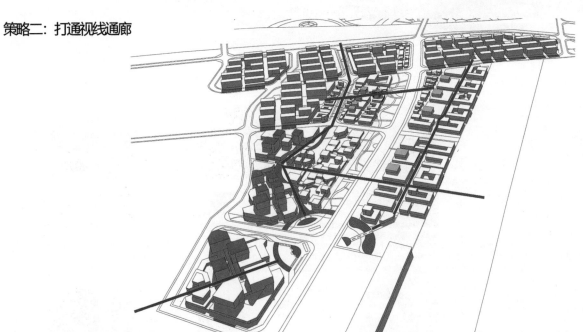

策略三：优化片区天际线轮廓

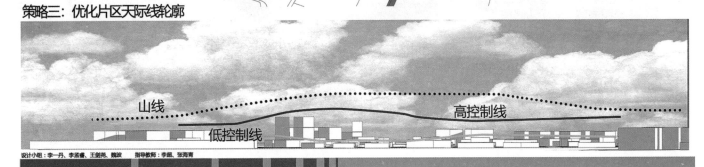

设计小组：李一丹、李孟睿、王剑尧、魏波   指导教师：李超、张海青

111

白鸟衔玉·西郡辑城 —— "转型与更新":北票市总体城市设计

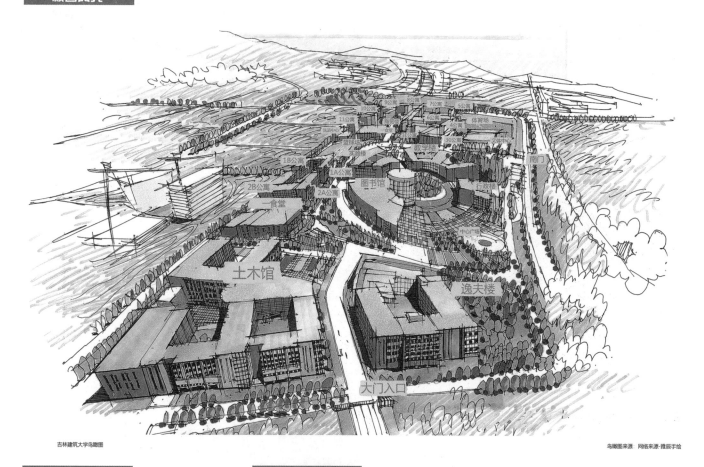

吉林建筑大学鸟瞰图

鸟瞰图来源：网络来源·雅辰手绘

专业概况

吉林建筑大学创建于1956年，是新中国首批设立的10所建筑类专门学校之一。城乡规划(城市规划)专业始创于1985年，属于国内较早设置该专业的院校。办学30多年来，经过持续的专业发展与建设，城乡规划专业水平不断提升，已经成为吉林建筑大学重点建设的主干专业。

在全体师生的共同努力下，城乡规划专业不断发展完善。2011年被评为吉林省高等学校"十二五"特色专业；2014年通过高等教育城乡规划专业教育评估委员会教育评估；2015年"居住小区规划"被评为吉林省高等学校精品课程；"城乡规划专业"获批吉林省高等学校卓越工程师教育培养计划试点专业；2016年"城乡规划专业教学团队"获批吉林省省级优秀教学团队。目前拥有《居住小区规划》《城市规划概论》《城市设计》三门精品课。

在常规教学实践基础上，城乡规划专业植根地域文化，突出长白山脉传统聚落空间形态与建筑文化、寒地城市设计、长白山脉"山水城镇化"等特色领域研究，开展了相关方向的课程和实践，成为东北地区人居环境研究的基地。

截止目前，城市规划专业(本、专科)已经培养毕业生700余人。其中一人获得"全国百名优秀建筑师"称号、八人获"吉林省建筑设计大师"、一人获"吉林省规划大师"称号，一人获联合国人居环境署授予的"优秀设计师"奖。成为我国中重要的城乡规划专业人员培养基地。

图片来源：作者自摄

学生感言

曾玉熙

本科期间内最后一个设计，有幸与两位了不起的老师和五位超级强的队友一起走完这一学期。无论是调查还是设计，从亦师亦友和亦友亦师的你们那学到了太多：从前期分析到设计思路探讨，再到调研汇报，奋力画图的日日夜夜中，感受到了规划设计更大的魅力和新的人生方向。只能说，这次联合毕业中，我不仅系统的学习了城市设计的方法程序，更是锻炼了自己的各项设计能力，收获了珍贵的友谊，这将是我一辈子铭记于心的宝贵记忆！

孙诗雨

特别感谢为我们提供这次机会的北票市政府以及东北大学教师团队。还要感谢在整个毕业设计过程中帮组我的指导教师及同学们。这次毕业设计让我有机会与其他学校的优秀学生接触，这对我来说是一个很大的提升。在设计中，为了实现转型与更新，我们找了大量的信息进行佐证，学会了用网络大数据以及公众参与进行分析。这些都是很宝贵的经验，希望今后还能够有类似的更多机会能够参加。

韩蒙

特别感谢北票市与东北大学为我们提供一个特别好的学习机会，感谢指导老师对我们的指导以及同学们对我的帮助。在这次北票市总体城市设计的学习之旅中，我收获了很多。在前期的认知、对国内外设计城市案例以及相关文献的查询，到后来方案的构思及生成的过程中，不断充实自身知识储备，使我对城市设计有了更深入的理解，然而，做城市设计缜密的思维方式，是我这次设计和学习最大的收获。

王海洋

很高兴能够有这样一次联合设计的机会。资源枯竭型城市的转型一直是一个世界性难题，北票市在面对城市紧缩、人口外流、就业下滑等一系列问题的情况下，需要一个激发点去触碰城市根源，需要直击灵魂的探讨与思考。在这样与老师，市长，和其他同学的交流过程中，不仅仅学习到设计层面上的知识，更重要的是拓宽了视野，认识到国家未来发展的一系列阻碍，我认为这是一次非常难得的机会。

孔雪

非常感谢学校组织的这次联合设计，不仅让我感受到了北票领导的热情和兄弟院校的风采，而且给了大家一个非常珍贵的交流机会。初到北票第一感受就是人们安逸幸福的生活气息，即使北票正在面临着资源枯竭、经济衰退等问题，所以我的设计理念就是保留这份纯真美好的生活氛围，以公共空间步行流线引导人们享受北票的山、水、文化。希望大家在今后的生活中能够时常回忆起这段美好的毕业设计生活。

朱芳阅

很感谢这次的联合毕业，和老师和同学一起，充分认识了什么是城市设计，什么是总体城市设计，资源枯竭型城市如何进行转型与更新，收货颇丰，这次毕业设计是我大学学习生活最美好的一段时光。希望大家在今后的日子里，还会时不时地想起这段美好的日子，并能够将这次毕业设计的所闻，所学，所想应用在今后的学习或工作中。最后，祝大家在今后的工作，学习，生活中一切顺利，勿忘初心。

设计小组：王海洋 朱芳阅 韩蒙　　指导老师：杨彧 赵宏宇
　　　　　孙诗雨 曾玉熙 孔雪　　参加院校：■东北大学　■北京建筑大学　■沈阳建筑大学　■吉林建筑大学

白鸟衔玉 · 西郡赭城 —— "转型与更新"：北票市总体城市设计

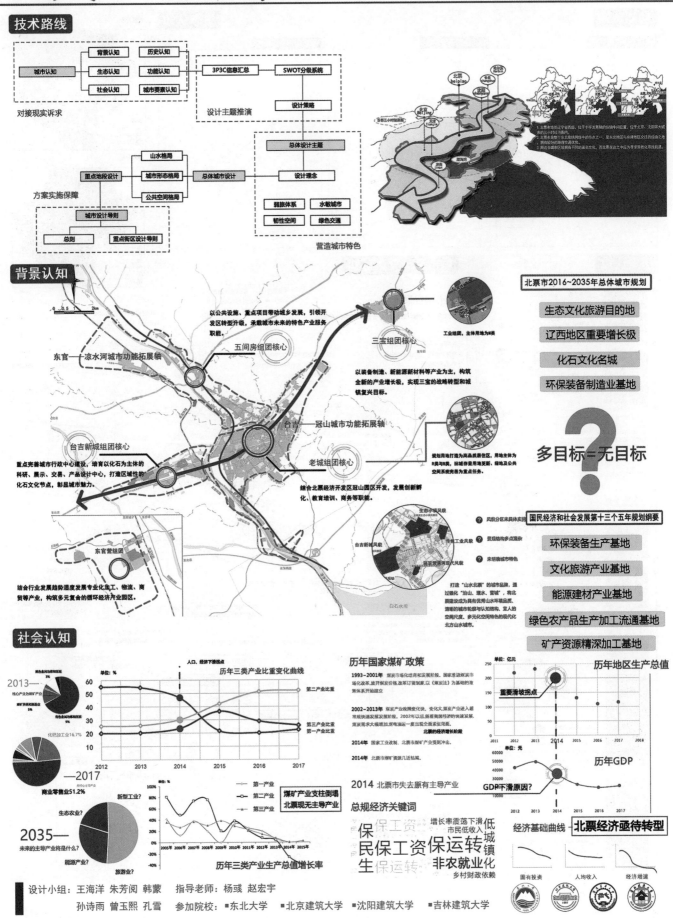

技术路线

对接现实诉求

方案实施保障

营造城市特色

背景认知

北票市2016~2035年总体城市规划

- 生态文化旅游目的地
- 辽西地区重要增长极
- 化石文化名城
- 环保装备制造业基地

多目标 = 无目标 ？

国民经济和社会发展第十三个五年规划纲要

- 环保装备生产基地
- 文化旅游产业基地
- 能源建材产业基地
- 绿色农产品生产加工流通基地
- 矿产资源精深加工基地

社会认知

历年三类产业比重变化曲线

历年国家煤矿政策

1993~2001年 煤炭市场化培育和发展阶段、国家推进城市场规划改革，放开煤炭价格，改革订货制度，以《煤炭法》为基础的政策体系开始建立

2002~2013年 煤炭产业政策变化快，变化大，煤炭产业进入超常规快速发展阶段。2002年以后随着我国经济的快速发展，煤炭需求大幅增加，煤电增长一度出现全面紧张局面，北票的经济增长阶段

2014年 国家工业改革，北票市煤矿产业受到冲击。

2014年 北票市煤矿资源几近枯竭。

2014 北票市失去原有主导产业

总规经济关键词

保民保工资保运转
非农就业化
乡村财政依赖

北票经济亟待转型

历年三类产业生产总值增长率

历年地区生产总值

历年GDP

GDP下滑原因？

经济基础曲线

设计小组：王海洋 朱芳阅 韩蒙　　指导老师：杨彧 赵宏宇

孙诗雨 曾玉熙 孔雪　　参加院校：■东北大学　■北京建筑大学　■沈阳建筑大学　■吉林建筑大学

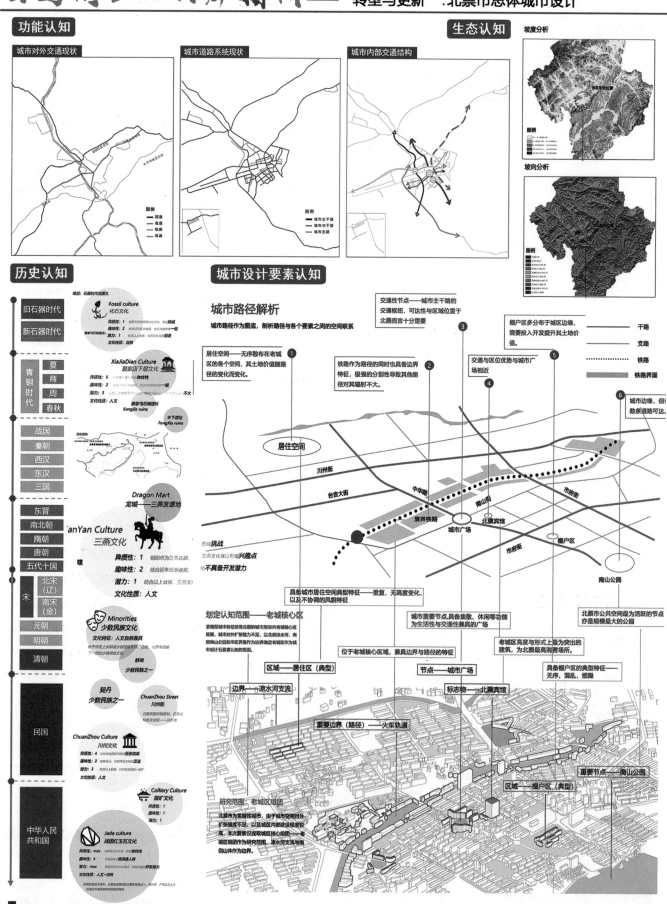

功能认知

城市对外交通现状

城市道路系统现状

城市内部交通结构

图例
国道
省道
铁路
高速

图例
城市主干道
城市次干道
城市支路

生态认知

坡度分析

坡向分析

历史认知

旧石器时代
新石器时代

青铜时代
夏 商 周 春秋

战国
秦朝
西汉
东汉
三国

东晋
南北朝
隋朝
唐朝
五代十国

宋 北宋（辽） 南宋（金）

元朝
明朝
清朝

民国

中华人民共和国

Fossil culture
化石文化

XiaJiaDian Culture
夏家店下层文化
康家屯石城遗址
Kangjia ruins

丰下遗址
FengXia ruins

Dragon Mart
龙城——三燕发源地
SanYan Culture
三燕文化
异质性：1
趣味性：2
潜力：1
文化性质：人文

Minorities
少数民族文化
文化特征：人文自然兼具

鲜卑
少数民族之一

契丹
少数民族之一

ChuanZhou Street
川州街

ChuanZhou Culture
川州文化
异质性：4
趣味性：2
潜力：3
文化性质：人文

Colliery Culture
煤矿文化
异质性：1
趣味性：1
潜力：1

Jade culture
战国红玉文化
异质性：max
趣味性：4
潜力：max
文化性质：人文·自然

城市设计要素认知

城市路径解析

城市路径作为图底，剖析路径与各个要素之间的空间联系

交通性节点——城市主干路的交通枢纽，可达性与区域位置于北票而言十分重要

棚户区多分布于城区边缘，需要投入开发提升其土地价值。

图例
干路
支路
铁路
铁路界面

居住空间——无序散布在老城区的各个空间，其土地价值随路径的变化而变化。

铁路作为路径的同时也具备边界特征，极强的分割性导致其他路径对其辐射不大。

交通与区位优势与城市广场相近

城市边缘，但数条道路可达。

居住空间

川州街
台吉大街
中华路
废弃铁路
南山街
市府街
城市广场
北票宾馆
棚户区
南山公园

具备城市居住空间典型特征——重复，无高度变化，以及不协调的风貌特征

城市重要节点，具备集散、休闲等功能为生活性与交通性兼具的广场

北票市公共空间最为活跃的节点亦是规模最大的公园。

划定认知范围——老城核心区

位于老城核心区域，兼具边界与路径的特征

老城区高度与形式上最为突出的建筑，为北票最高消费场所。

具备棚户区的典型特征——无序，混乱，烦嚣

区域——居住区（典型）

节点——城市广场

标志物——北票宾馆

边界——凉水河支流

重要边界（路径）——火车轨道

重要节点——南山公园

区域——棚户区（典型）

研究范围：老城区组团

北票市为紧缩性城市，由于城市空间对外扩张强度不足，以及区内建设程度较高，本次要素获取选取区核心组团。城区组团作为研究范围，凉水河支流与南侧山体作为边界。

设计小组：王海洋 朱芳阁 韩蒙 孙诗雨 曾玉熙 孔雪　指导老师：杨弢 赵宏宇　参加院校：■东北大学　■北京建筑大学　■沈阳建筑大学　■吉林建筑大学

白鸟衔玉 · 西郡楮城 —— "转型与更新":北票市总体城市设计

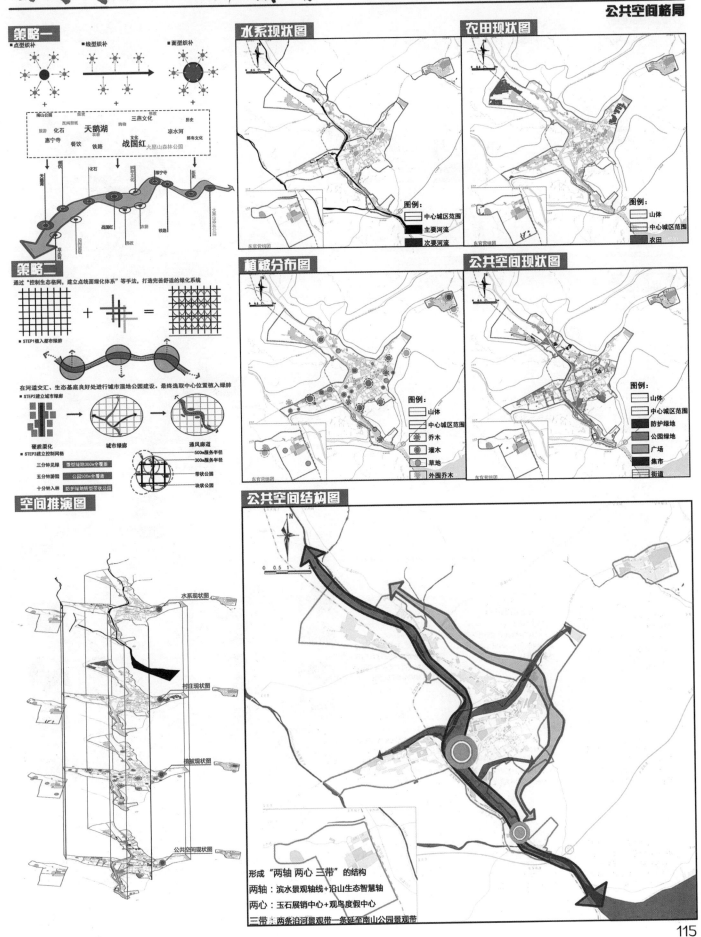

策略一

策略二

空间推演图

水系现状图

图例：
- 中心城区范围
- 主要河流
- 次要河流

农田现状图

图例：
- 山体
- 中心城区范围
- 农田

植被分布图

图例：
- 山体
- 中心城区范围
- 乔木
- 灌木
- 草地
- 外围乔木

公共空间现状图

图例：
- 山体
- 中心城区范围
- 防护绿地
- 公园绿地
- 广场
- 集市
- 街道

公共空间结构图

形成"两轴 两心 三带"的结构

两轴：滨水景观轴线+沿山生态智慧轴
两心：玉石展销中心+观鸟度假中心
三带：两条沿河景观带一条延至南山公园景观带

水敏城市

城市问题	设计思路	应用策略

为什么城市干旱？

水泥地过多地占用了涵养水源的林地、草地、湿地等，切断了自然的水循环，雨水来了，当做污水排走，地下水越抽越少。因此解决城市干旱问题，必须顺应自然，优先考虑留下雨水，利用自然力量排水，建设自然存积、自然渗透、自然净化的"海绵城市"。

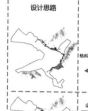

顺应自然，优先考虑留下雨水，丰水期储水，枯水期用水，充分利用自然条件改善城市干旱问题

利用山体雨水径流形成固定的雨水路径，在山脚下设置固定的储水空间。利用自然力量排水，建设自然存积，自然渗透，自然净化系统

充分利用城市的自然山体水体，形成山环水抱的城市自然格局。

弱旅体系

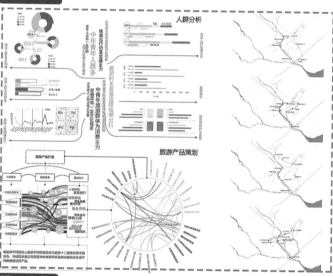

人群分析

旅游产品策划

吃 住 行 购 娱 情 游 养 闲 商 学 奇

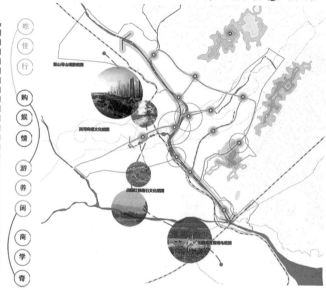

韧性空间

十个韧性城市产品

2001~2007年间，美国学者开始对韧性城市进行综合的，系统的研究与应用。最终得出韧性城市应该具备以下特点：1.能够在承受大量变化下仍控制其功能结构；2.能够进行自组织以应对外部变化。

1.产品仓储-product storage
粮食生产的弹性需要社区规模的储存空间，包括冷藏，简仓和地窖。

2.社区花园-community garden
开放式的，有园丁集体管理。可以没有正式租赁或所有权协议的临时空间，也可以由地方政府或非营利组织信任。

3.牲畜饲养-breeding livestock
粮食生产的重新定位涉及振兴该片区的批发市场，包括牲畜饲养，动物贸易，估价，育种和加工有关的各种服务。

4.温室大棚-greenhouses
透明或半透明的植物生长环境。捕捉保留太阳辐射，通过对流形成热环境。使得种植者克服气候，季节性，虫害管理和日光时间有关的障碍。

5.冬季市场-winter market
在寒地城市到温和气候条件下的常用设施，能保证全年各种条件下生产者到消费者所有食品的供应，而不仅仅只有在夏天才能供应。

6.废物回收-waste recycling
共生运营中的重新能源回收形式。废物的再利用可作为新能源。使用非热能技术（厌氧消化，发酵和机械生物处理）更能优化韧性空间。

7.农业体验-agricultural experience
将农业用地的保存和孵化作为组织结构，为居民和游客提供小规模体验农业的机会。包括种植，采摘等项目。

8.矿工安置-miner settlement
退休的矿业工人需要被妥善安置，将失业矿工及其家属集中安排在环境良好，活动交往密集的区域。

9.农业展览-agricultural exhibition
特色农产品展销，其中包括展示农产品特性，介绍功效，营养价值，展示加工手艺等。

10.休闲旅游-leisure tourism
依托农业体验，农业展览等活动，吸引家庭或个人来此休闲旅游，使自身具有一定的活力带动其自身发展。

11.基础设施-agricultural facilities
灌溉系统，收割设施以及其他配套的，为播种者或游客服务的基础设施。具备完善的体系。

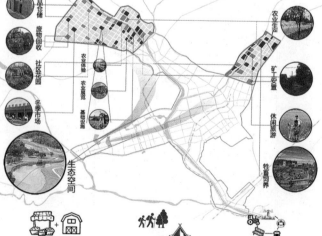

设计小组：王海洋 朱芳阁 韩蒙　指导老师：杨骁 赵宏宇
孙诗雨 曾玉熙 孔雪　参加院校：■东北大学　■北京建筑大学　■沈阳建筑大学　■吉林建筑大学

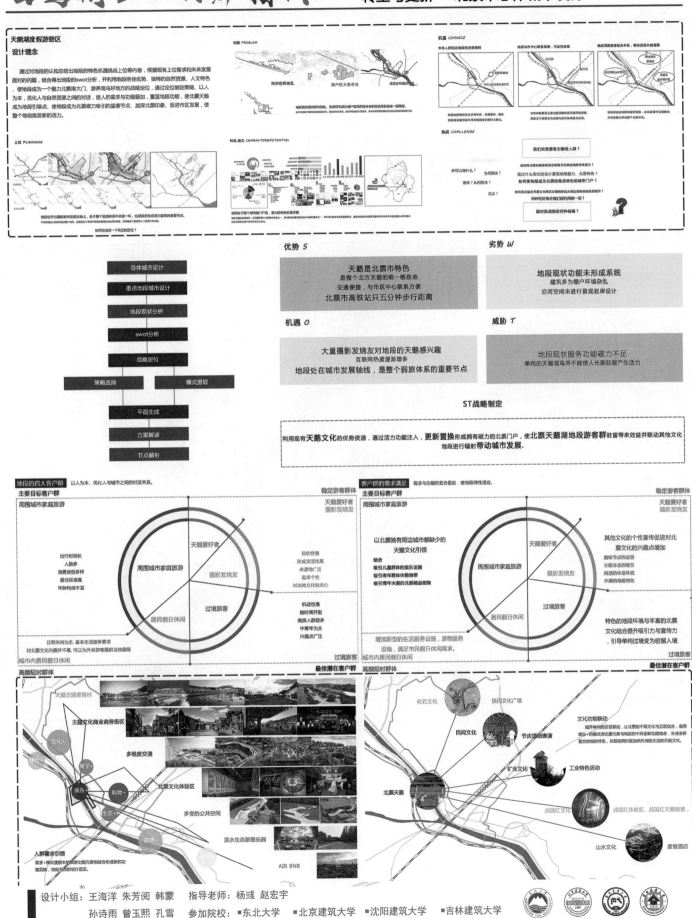

白鸟衔玉·西郡赭城 —— "转型与更新"：北票市总体城市设计

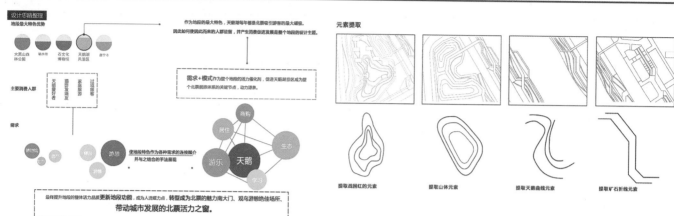

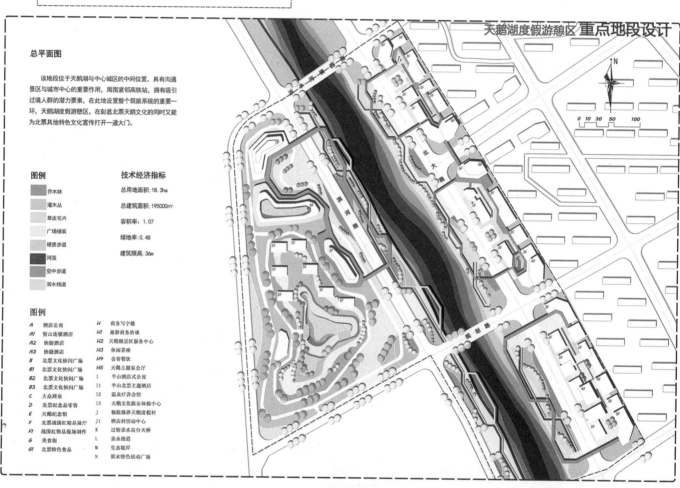

天鹅湖度假游憩区 重点地段设计

总平面图

该地段位于天鹅湖与中心城区的中间位置，具有沟通景区与城市中心的重要作用，周围紧邻高铁站，拥有吸引过境人群的潜力要素，在此地设置整个弱旅系统的重要一环，天鹅湖度假游憩区，在彰显北票天鹅文化的同时又能为北票其他特色文化宣传打开一道大门。

图例

乔木林
灌木丛
草皮花卉
广场铺装
硬质步道
河流
空中步道
滨水栈道

技术经济指标

总用地面积：18.3ha
总建筑面积：195000m²
容积率：1.07
绿地率：0.48
建筑限高：36m

图例

A 酒店公寓	H 商务写字楼
A1 聚山连锁酒店	H1 旅游商务洽谈
A2 快捷酒店	H2 天鹅湖景区服务中心
A3 快捷酒店	H3 休闲茶座
B 北票文化快闪广场	H4 会客餐饮
B1 北票文化快闪广场	H5 天鹅主题宴会厅
B2 北票文化快闪广场	I 半山酒店式公寓
B3 北票文化快闪广场	I1 半山北票主题酒店
C 大众商业	I2 温泉疗养会馆
D 北票纪念品零售	I3 天鹅文化娱乐体验中心
E 天鹅纪念馆	J 独院修养天鹅度假村
F 北票战国红精品展厅	J1 酒店村活动中心
F1 战国红饰品现场制作	K 过街亲水高台大桥
G 美食街	L 亲水栈道
G1 北票特色食品	M 生态堤岸
	N 滨水特色活动广场

设计小组：王海洋 朱芳阅 韩蒙　　指导老师：杨彧 赵宏宇
孙诗雨 曾玉熙 孔雪　　参加院校：东北大学　北京建筑大学　沈阳建筑大学　吉林建筑大学

白鸟衔玉·西郡赭城 —— "转型与更新"：北票市总体城市设计

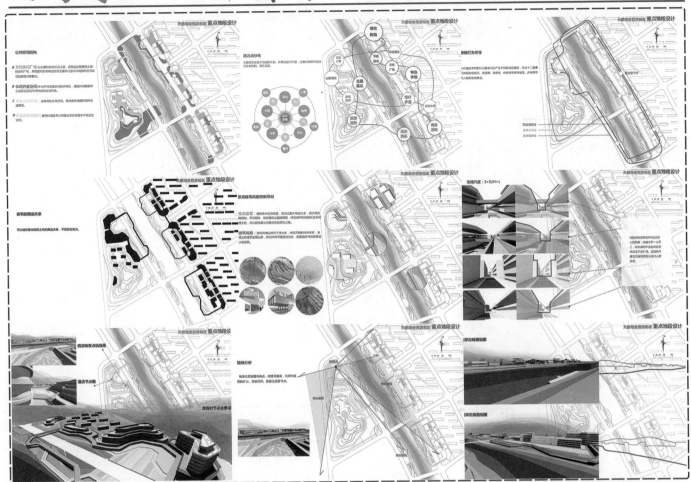

地段鸟瞰图

设计小组：王海洋 朱芳阅 韩蒙　指导老师：杨彧 赵宏宇

孙诗雨 曾玉熙 孔雪　参加院校：■东北大学 ■北京建筑大学 ■沈阳建筑大学 ■吉林建筑大学

白鸟衔玉·西郡精城 —— "转型与更新":北票市总体城市设计

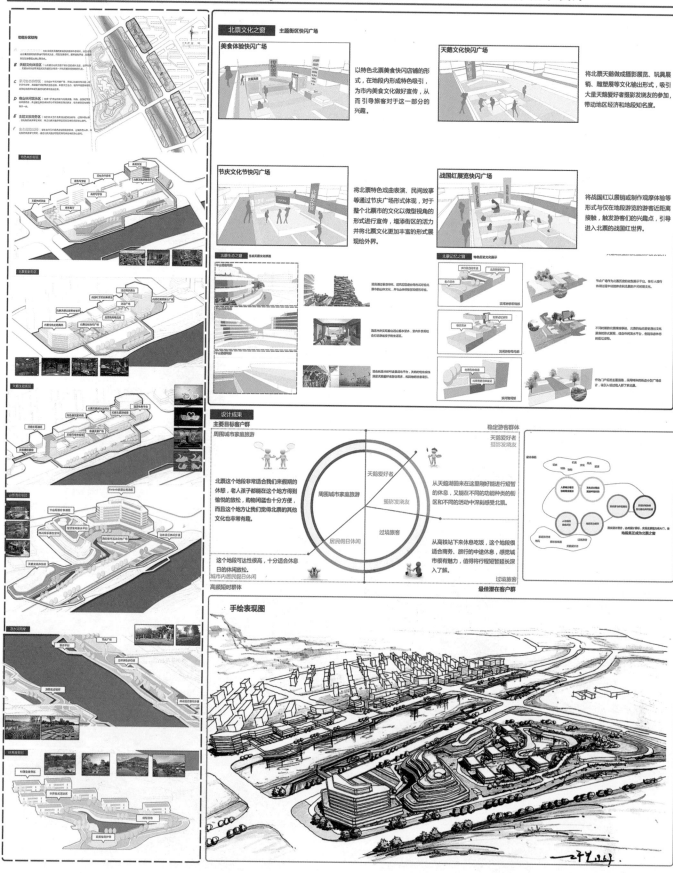

设计小组：王海洋 朱芳阅 韩蒙 　指导老师：杨彧 赵宏宇

孙诗雨 曾玉熙 孔雪 　参加院校：■东北大学 ■北京建筑大学 ■沈阳建筑大学 ■吉林建筑大学

白鸟衔玉·西郡耤城 —— "转型与更新"：北票市总体城市设计

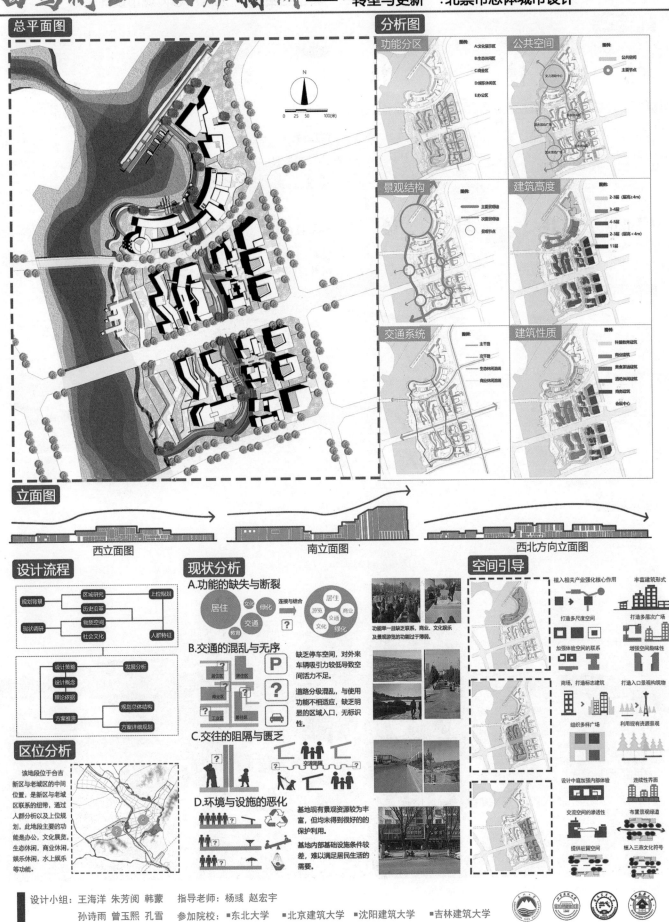

总平面图

分析图

功能分区
图例：
A.文化展示区
B.生态休闲区
C.商业区
D.娱乐休闲区
E.办公区

公共空间
图例：
公共空间
主要节点

景观结构
图例：
主要景观轴
次要景观轴
景观节点

建筑高度
图例：
2-3层（层高≥4m）
3-4层
4-5层
2-3层（层高＜4m）
11层

交通系统
图例：
主干路
次干路
生态休闲路线
商业休闲路线

建筑性质
图例：
科普教育建筑
商业建筑
美食茶座建筑
酒吧休闲建筑
商业建筑
会展中心

立面图

西立面图　　　南立面图　　　西北方向立面图

设计流程

规划背景 — 区域研究 — 上位规划
　　　　　　历史沿革
现状调研 — 物质空间 — 人群特征
　　　　　　社会文化

设计策略 — 发展分析
设计概念
理论依据 — 规划总体结构
方案推演 — 方案详细规划

现状分析

A.功能的缺失与断裂

居住　文化　绿化　　居住
　交通　　连接与结合　游览　商业
教育　　　　？　　文化　交通
　　　　　　　　　　　　绿化

功能单一且缺乏联系，商业、文化娱乐及景观游览的功能过于薄弱。

B.交通的混乱与无序

缺乏停车空间，对外来车辆吸引力较低导致空间活力不足。

道路分级混乱，与使用功能不相适应，缺乏明显的区域入口，无标识性。

C.交往的阻隔与匮乏

交流界面

D.环境与设施的恶化

基地现有景观资源较为丰富，但均未得到很好的保护利用。

基地内部基础设施条件较差，难以满足居民生活的需要。

区位分析

该地段位于台吉新区与老城区的中间位置，是新区与老城区联系的纽带，通过人群分析以及上位规划，此地段主要的功能是办公，文化展览，生态休闲，商业休闲，娱乐休闲，水上娱乐等功能。

空间引导

植入相关产业强化核心作用　　丰富建筑形式

打造多尺度空间　　打造多层次广场

加强体验空间的联系　　增强空间趣味性

商场，打造标志建筑　　打造入口景观构筑物

组织多样广场　　利用现有资源景观

设计中庭加强内部体验　　连续性界面

交流空间的渗透性　　布置景观绿道

提供驻留空间　　植入三燕文化符号

设计小组：王海洋　朱芳阅　韩蒙　　指导老师：杨彧　赵宏宇
孙诗雨　曾玉熙　孔雪　　参加院校：东北大学　北京建筑大学　沈阳建筑大学　吉林建筑大学

白鸟衔玉 · 西郡耕城 ——"转型与更新"：北票市总体城市设计

功能策划

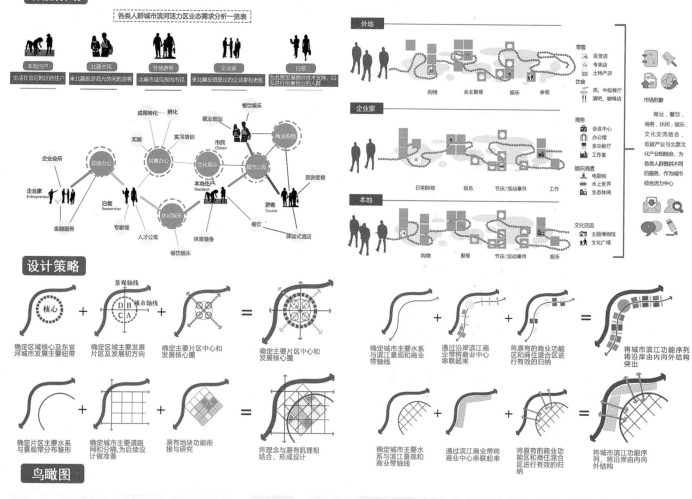

设计策略

鸟瞰图

设计小组：王海洋 朱芳阅 韩蒙　指导老师：杨弢 赵宏宇

孙待雨 曾玉熙 孔雪　参加院校：东北大学　北京建筑大学　沈阳建筑大学　吉林建筑大学

白鸟衔玉·西郡精城 ——"转型与更新":北票市总体城市设计

概念生成

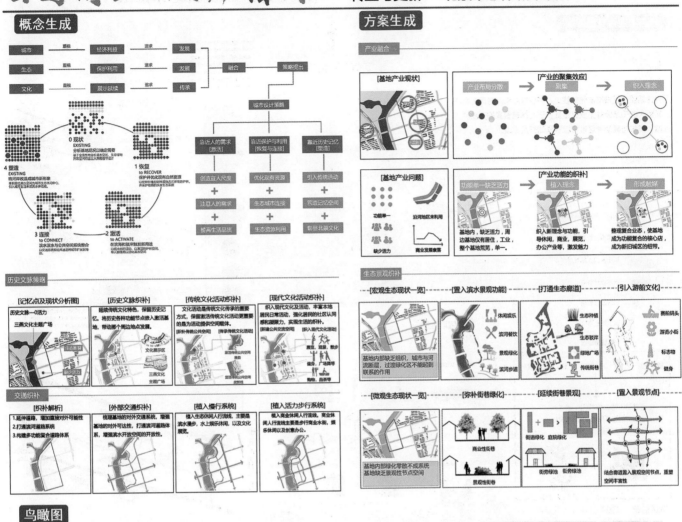

方案生成

产业融合

历史文脉策略

交通织补

生态景观织补

鸟瞰图

设计小组:王海洋 朱芳阅 韩蒙　　指导老师:杨旸 赵宏宇

孙诗雨 曾玉熙 孔雪　参加院校:■东北大学　■北京建筑大学　■沈阳建筑大学　■吉林建筑大学

台吉工业遗址风貌区

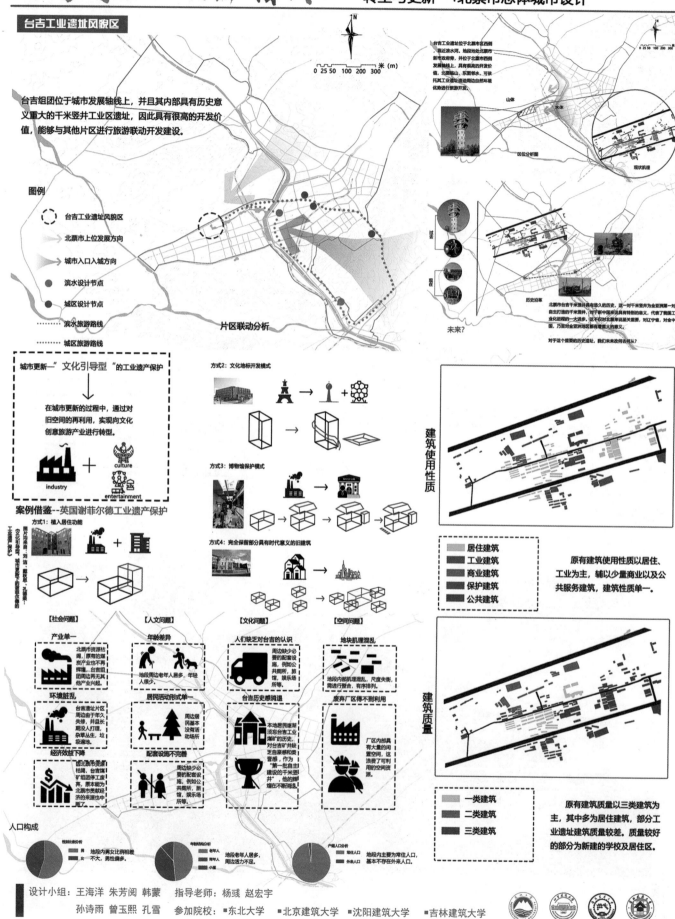

台吉组团位于城市发展轴线上,并且其内部具有历史意义重大的千米竖井工业区遗址,因此具有很高的开发价值,能够与其他片区进行旅游联动开发建设。

图例

- 台吉工业遗址风貌区
- 北票市上位发展方向
- 城市入口入城方向
- 滨水设计节点
- 城区设计节点
- 滨水旅游路线
- 城区旅游路线

片区联动分析

城市更新—"文化引导型"的工业遗产保护

在城市更新的过程中,通过对旧空间的再利用,实现向文化创意旅游产业进行转型。

industry + culture entertainment

案例借鉴--英国谢菲尔德工业遗产保护

方式1:植入居住功能

方式2:文化地标开发模式

方式3:博物馆保护模式

方式4:完全保留部分具有时代意义的旧建筑

【社会问题】 产业单一 / 环境脏乱 / 经济效益下降
【人文问题】 年龄差异 / 居民活动形式单一 / 配套设施不完善
【文化问题】 人们缺乏对台吉的认识 / 台吉历史感消退
【空间问题】 地块肌理混乱 / 废弃厂区得不到利用

人口构成

建筑使用性质

居住建筑
工业建筑
商业建筑
保护建筑
公共建筑

原有建筑使用性质以居住、工业为主,辅以少量商业以及公共服务建筑,建筑性质单一。

建筑质量

一类建筑
二类建筑
三类建筑

原有建筑质量以三类建筑为主,其中多为居住建筑,部分工业遗址建筑质量较差。质量较好的部分为新建的学校及居住区。

设计小组:王海洋 朱芳阁 韩蒙   指导老师:杨颖 赵宏宇
孙诗雨 曾玉熙 孔雪   参加院校:■东北大学   ■北京建筑大学   ■沈阳建筑大学   ■吉林建筑大学

台吉工业遗址风貌区

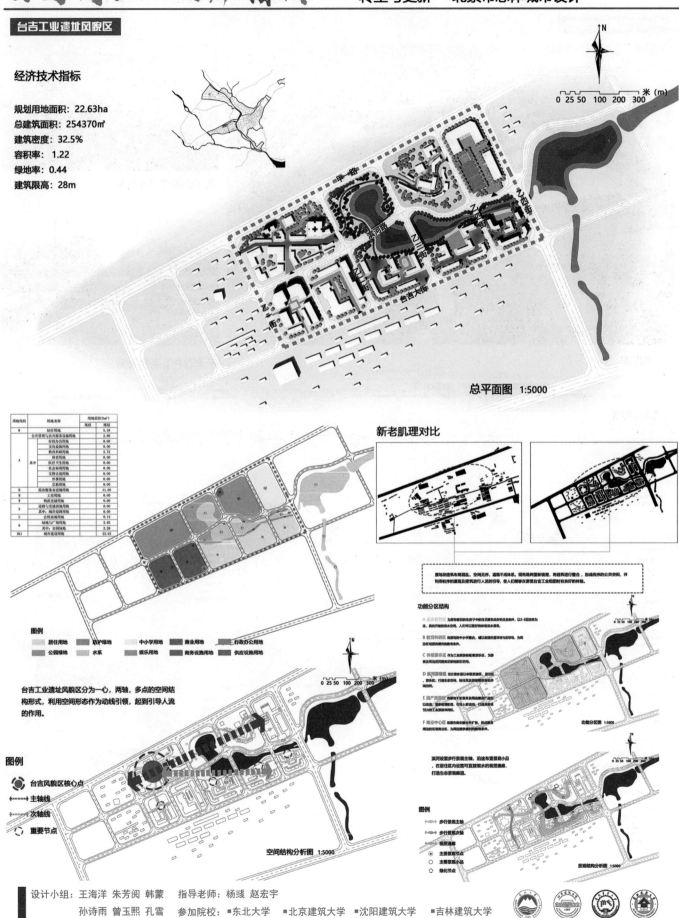

经济技术指标

规划用地面积：22.63ha
总建筑面积：254370㎡
建筑密度：32.5%
容积率：1.22
绿地率：0.44
建筑限高：28m

总平面图 1:5000

新老肌理对比

图例

居住用地　防护绿地　中小学用地　商业用地　行政办公用地
公园绿地　水系　　　娱乐用地　　商务设施用地　供应设施用地

台吉工业遗址风貌区分为一心，两轴，多点的空间结构形式，利用空间形态作为动线引领，起到引导人流的作用。

功能分区结构

图例

台吉风貌区核心点
主轴线
次轴线
重要节点

空间结构分析图 1:5000

功能分区图 1:5000

图例

步行景观主轴
步行景观次轴
核心地块
主要景观节点
主要景观小品
绿化节点

景观结构分析图 1:5000

设计小组：王海洋 朱芳阅 韩蒙　　指导老师：杨彧 赵宏宇
孙诗雨 曾玉熙 孔雪　　参加院校：■东北大学　■北京建筑大学　■沈阳建筑大学　■吉林建筑大学

台吉工业遗址风貌区

鸟瞰图

滨水公园节点效果图

东侧天际线

西侧天际线

千米竖井节点效果图

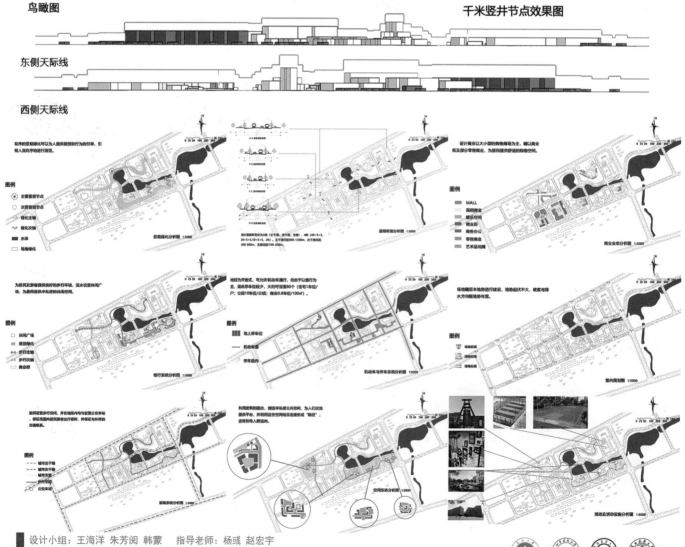

设计小组:王海洋 朱芳阅 韩蒙   指导老师:杨彧 赵宏宇

孙诗雨 曾玉熙 孔雪   参加院校:■东北大学   ■北京建筑大学   ■沈阳建筑大学   ■吉林建筑大学

白鸟衔玉·西郡赭城——"转型与更新":北票市总体城市设计

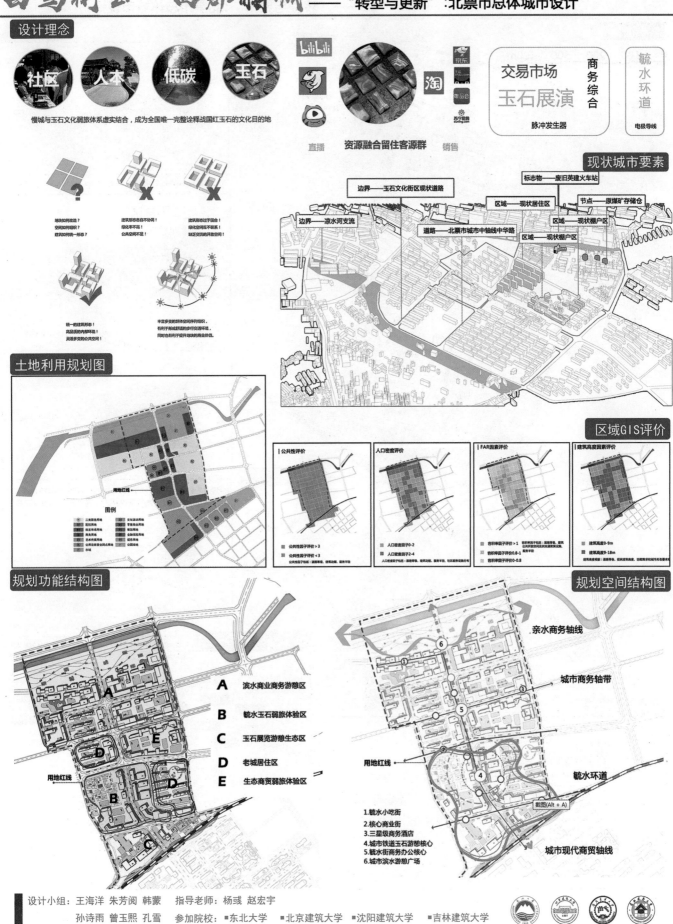

设计理念

社区　人本　低碳　玉石

慢城与玉石文化弱旅体系虚实结合，成为全国唯一完整诠释战国红玉石的文化目的地

直播　资源融合留住客源群　销售

交易市场　商务综合
玉石展演
脉冲发生器

毓水环道
电极导线

地块如何改造？
空间如何组织？
建筑如何和一形态？

建筑形态杂乱不协调！
绿化率不高！
公共空间不足！

建筑布局过于围合！
绿化空间不联系！
缺乏交流的开放空间！

统一的建筑形态！
高品质的内部环境！
丰富多变的公共空间！

丰富多变的群体空间序列组织，
有利于形成舒适的步行交通环境，
同时也有利于提升场地的商业价值。

现状城市要素

边界——玉石文化街区现状道路
边界——凉水河支流
道路——北票市城市中轴线中华路

标志物——废旧英建火车站
区域——现状居住区
节点——原煤矿存储仓
区域——现状棚户区
区域——现状棚户区

土地利用规划图

用地红线

图例
二类居住用地　文化设施用地
区域用地　零售商业用地
中小学用地　社会停车场用地
商务用地　综合交通枢纽用地
艺术品营业用地　仓储用地
商务办公用地　公园绿地
水域

区域GIS评价

公共性评价
公共性因子评价＞3
公共性因子评价＜3
公共性因子包括：道路等级、建筑规模、服务平台

人口密度评价
人口密度因子0-2
人口密度因子2-4
人口密度因子包括：道路等级、服务功能、服务平台、社区居所设施

FAR因素评价
容积率因子评价＞1
容积率因子0.8-1
容积率因子评价0-0.8
容积率因子包括：道路等级、建筑公共开放空间和其他建筑设施、服务平台

建筑高度因素评价
建筑高度0-9m
建筑高度9-18m
建筑高度因素包括：建筑高度、功能需求能够和当前形态要素

规划功能结构图

A　滨水商业商务游憩区
B　毓水玉石弱旅体验区
C　玉石展览游憩生态区
D　老城居住区
E　生态商贸弱旅体验区

用地红线

规划空间结构图

亲水商务轴线
城市商务轴带
毓水环道
城市现代商贸轴线

用地红线

截图(Alt + A)

1. 毓水小吃街
2. 核心商业街
3. 三星级商务酒店
4. 城市铁道玉石游憩核心
5. 毓水街商务办公核心
6. 城市滨水游憩广场

设计小组：王海洋 朱芳阅 韩蒙　指导老师：杨彧 赵宏宇
孙诗雨 曾玉熙 孔雪　参加院校：■东北大学　■北京建筑大学　■沈阳建筑大学　■吉林建筑大学

白鸟衔玉·西郡赭城 —— "转型与更新"：北票市总体城市设计

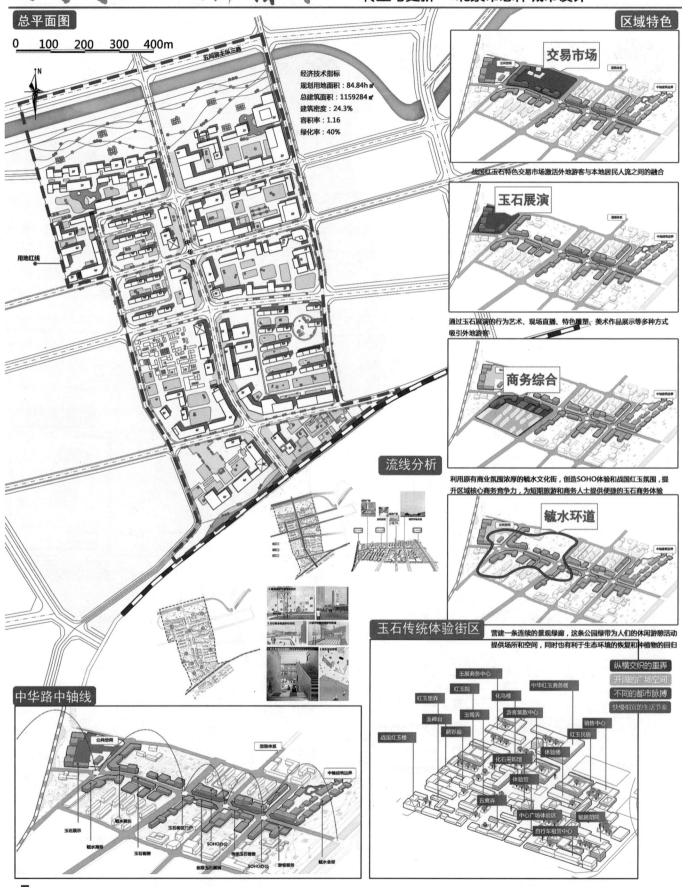

总平面图

```
0   100  200  300  400m
```

N

五间房主从三路

经济技术指标
规划用地面积：84.84hm²
总建筑面积：1159284m²
建筑密度：24.3%
容积率：1.16
绿化率：40%

用地红线

中华路

区域特色

交易市场

战国红玉石特色交易市场激活外地游客与本地居民人流之间的融合

玉石展演

通过玉石展演的行为艺术、现场直播、特色雕塑、美术作品展示等多种方式吸引外地游客

商务综合

利用原有商业氛围浓厚的毓水文化街，创造SOHO体验和战国红玉氛围，提升区域核心商务竞争力，为短期旅游和商务人士提供便捷的玉石商务体验

流线分析

毓水环道

营建一条连续的景观绿带，这条公园绿带为人们的休闲游憩活动提供场所和空间，同时也有利于生态环境的恢复和种植物的回归

玉石传统体验街区

纵横交织的里弄
开阔的广场空间
不同的都市脉搏
快慢相宜的生活节奏

玉展商务中心
中华红玉商务楼
红玉里弄
红玉院
化鸟楼
玉禅台
玉镯弄
游客集散中心
战国红玉楼
赭彩廊
销售中心
红玉民居
体验楼
化鸟采购馆
体验馆
五霭弄
中心广场体验区
自行车租赁中心
毓赭胡同

中华路中轴线

公共空间
道路体系
中轴建筑边界

玉石展示
毓水置业
玉石街区门户
SOHO办公
毓水商务
玉石镯艺
创意玉石展演
SOHO办公
游客服务
毓水食街
传统玉石销售

设计小组：王海洋 朱芳阅 韩蒙　　指导老师：杨戬 赵宏宇
孙诗雨 曾玉熙 孔雪　　参加院校：■东北大学 ■北京建筑大学 ■沈阳建筑大学 ■吉林建筑大学

白鸟衔玉·西郡赭城 —— "转型与更新":北票市总体城市设计

方案分析

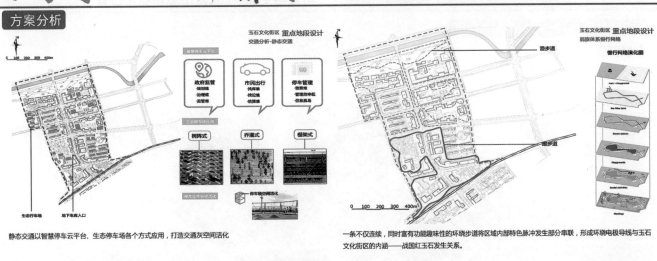

玉石文化街区 **重点地段设计**
交通分析-静态交通

智慧停车云平台
政府监管 规划难 治理难 监管难
市民出行 找车难 找位难 缴费难
停车管理 收费难 管理效率低 信息孤岛

生态停车场应用
树阵式 **乔灌式** **棚架式**

停车场灰空间活化
停车场灰空间活化

生态停车场 地下车库入口

静态交通以智慧停车云平台、生态停车场各个方式应用,打造交通灰空间活化

玉石文化街区 **重点地段设计**
弱旅体系慢行网络

慢步道

慢行网络演化图

漫步道

一条不仅连续,同时富有功能趣味性的环绕步道将区域内部特色脉冲发生部分串联,形成环绕电极导线与玉石文化街区的内涵——战国红玉石发生关系。

玉石文化街区 **重点地段设计**
弱旅体系游线展示-本地居民

本地居民以提升原有生活品质为主导加入技能培训、便民服务、环境优化等提升措施,进一步使得北票市旅游城市与战国红玉石文化挂钩

弱旅体系居民内核

技能培训 **便民服务**
生态智慧 文化引领
工作机会 多样复合

本地居民以提升原有生活品质为主导加入技能培训、便民服务、环境优化等提升措施,进一步使得北票市玉石文化产业与本地居民生活发展挂钩

玉石文化街区 **重点地段设计**
弱旅体系游线展示-外地游客

弱旅体系内核

生态智慧
自由选择 便民服务
文化引领 多样复合

外来游客以簇群激活玉石文化产业为主导加入游乐活动、便民服务、生态环境优化、格调民宿体验等提升措施,进一步使得北票市旅游业与战国红玉石文化挂钩

立面展示

北立面

东立面

西立面

南立面

产品落位

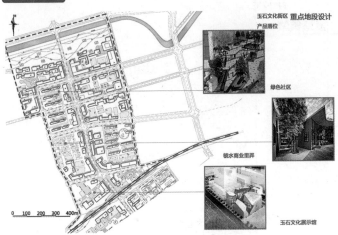

玉石文化街区 **重点地段设计**
产品落位

绿色社区

毓水商业里弄

玉石文化展示馆

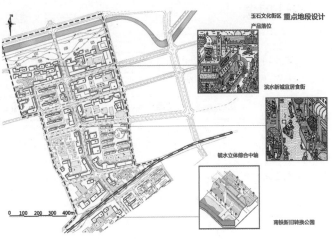

玉石文化街区 **重点地段设计**
产品落位

滨水新城宜居食街

毓水立体综合中轴

南铁新旧转换公园

设计小组:王海洋 朱芳阅 韩蒙   指导老师:杨彧 赵宏宇
孙诗雨 曾玉熙 孔雪   参加院校:■东北大学 ■北京建筑大学 ■沈阳建筑大学 ■吉林建筑大学

重点地块设计——老城商贸核心区

老城区位 Location analvsis

总平面图1: 2000

① 现代商贸广场	⑪ 小吃当铺
② 教研机构复合体	⑫ 商贸广场
③ 现代商贸大厦	⑬ 休闲慢行街
④ 社区中心	⑭ 行政大楼
⑤ 老城玉赫广场	⑮ 音乐咖啡馆
⑥ 商业管理办公楼	⑯ 功能复合体
⑦ 零售街	⑰ 老城居住区
⑧ M超商	⑱ 商务教育办公区
⑨ 音乐广场	⑲ 现代商贸区
⑩ 现代商业步行街	

理念落位

设计理念 Design Concept —— 四大理念

时空交织

紧缩集聚

多元复合

慢行交通

多点引领

交通分析 Traffic analysis ——双横多纵	功能分区 Functional partition ——五大片区	公共空间 public space ——

空间结构 spatial structure —— 双轴线，多核心

设计小组：王海洋 朱芳阅 韩蒙 　指导老师：杨彧 赵宏宇

孙诗雨 曾玉熙 孔雪 　参加院校：东北大学 　北京建筑大学 　沈阳建筑大学 　吉林建筑大学

重点地块设计——老城商贸核心区

城市设计要素
Elements of Urban Design

—— 明确边界，多点承轴

城市功能系统
Urban Functional System

—— 复合功能，多元发展

天际线
Skyline

—— 增强序列，凸显曲折

老城商务核心区 **重点地段设计**

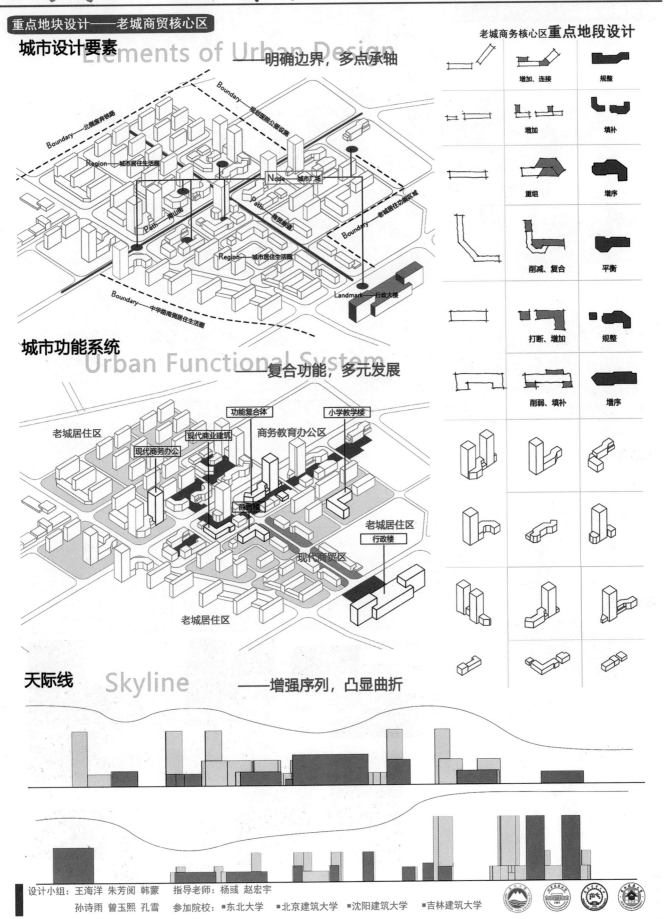

设计小组：王海洋 朱芳阅 韩蒙　指导老师：杨奕 赵宏宇

孙诗雨 曾玉熙 孔雪　参加院校：■东北大学 ■北京建筑大学 ■沈阳建筑大学 ■吉林建筑大学

重点地块设计——老城商贸核心区

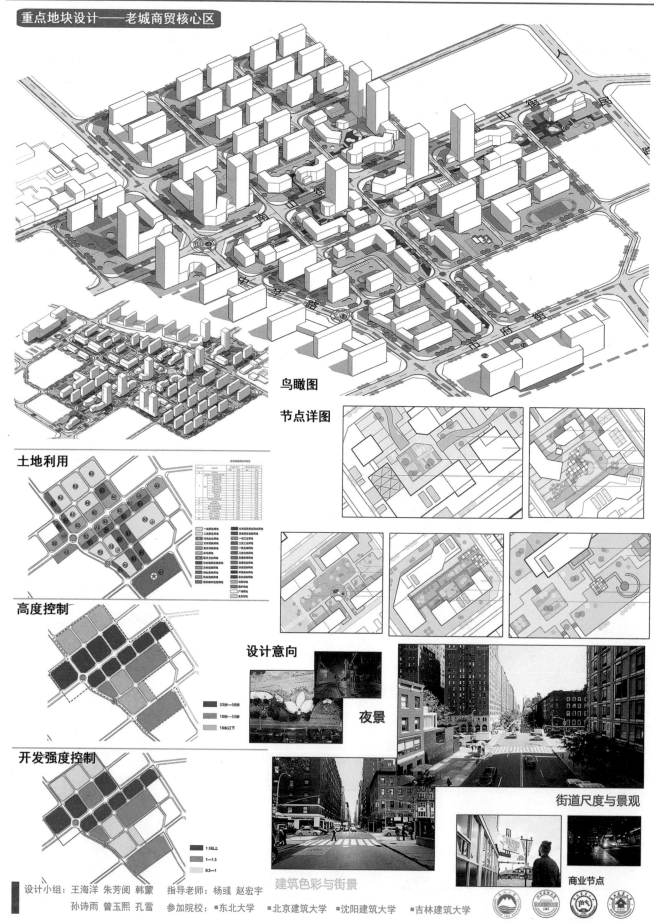

鸟瞰图

节点详图

土地利用

高度控制

- 33米—58米
- 18米—33米
- 18米以下

开发强度控制

- 1.5以上
- 1—1.5
- 0.5—1

设计意向

夜景

街道尺度与景观

建筑色彩与街景

商业节点

设计小组：王海洋 朱芳阅 韩蒙　指导老师：杨昱 赵宏宇
孙诗雨 曾玉熙 孔雪　参加院校：■东北大学　■北京建筑大学　■沈阳建筑大学　■吉林建筑大学

设计说明

现状
设计地块位于整个北票市的东南部，规划总用地面积为20.18公顷，地块原址为一处名为岳家沟村的村庄用地及一片生态用地，后应上位规划要求设计成为以居住用地为主配套商业娱乐休闲体育等功能，地块西面为北票著名的南山公园，北部为北票老城区，东部为山体，南部为平原临近高铁站，地块与外围联系道路为东侧爱民路，南北连接高铁站与老城区，处于进入北票市的门户之一

规划
设计地块内部自然环境优美，被山体包围，并考虑北票人民诉求，结合山体故设计以公共空间为引导的休闲度假门户区。地块划分为三大功能片区：娱乐康体片区、休闲居住片区、生态游憩片区，并设计步行空间及休闲步道形成网络到达每一片区，为游客及居民提供一个休闲娱乐健康的场所

总结
地块旨在打造一个休闲娱乐健康的场所，为来到北票的人们提供一个安逸的环境，设计为北票留下美好的第一印象

研究框架

用地平衡

人群分析
人群需求

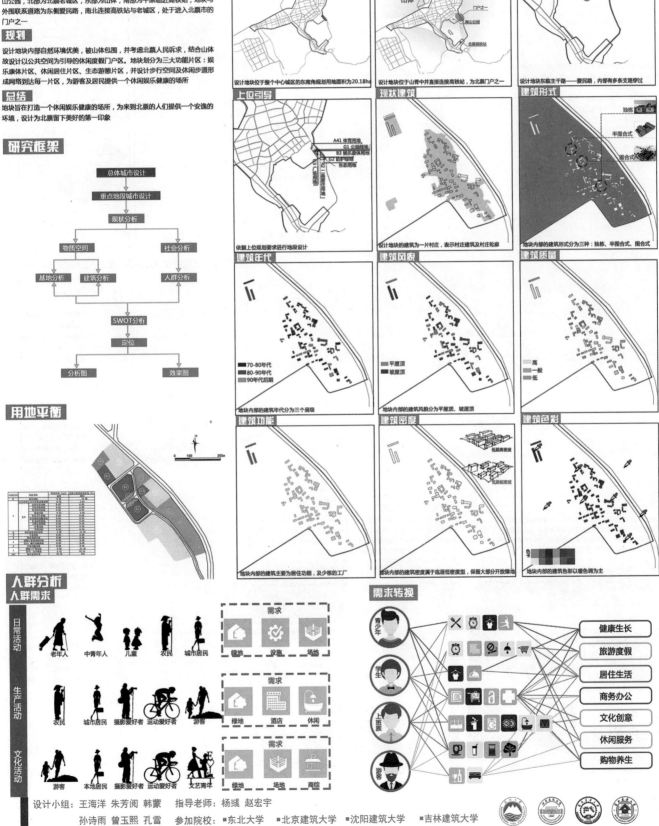

基地区位
设计地块位于整个中心城区的东南角规划用地面积为20.18ha

基地要素
设计地块位于山脊中并直接连接高铁站，为北票门户之一

基地交通
设计地块东临主干路——爱民路，内部有多条支路穿过

上位引导
依据上位规划要求进行地段设计

现状建筑
设计地块内部的建筑为一片村庄，表示村庄建筑与村庄轮廓

建筑形式
地块内部的建筑形式分为三种：独栋、半围合式、围合式

建筑年代
地块内部的建筑年代分为三个层级

建筑风貌
地块内部的建筑风貌分为平屋顶、坡屋顶

建筑质量
地块内部的建筑主要为居住功能，及少栋的工厂

建筑功能
地块内部的建筑密度属于底层低密度型，保留大部分开放绿地

建筑密度
地块内部的建筑色彩以暖色调为主

建筑色彩

需求转换

设计小组：王海洋 朱芳阁 韩蒙　　指导老师：杨彧 赵宏宇

孙诗雨 曾玉熙 孔雪　参加院校：■东北大学　■北京建筑大学　■沈阳建筑大学　■吉林建筑大学

白鸟衔玉·西郡赭城 —— "转型与更新"：北票市总体城市设计

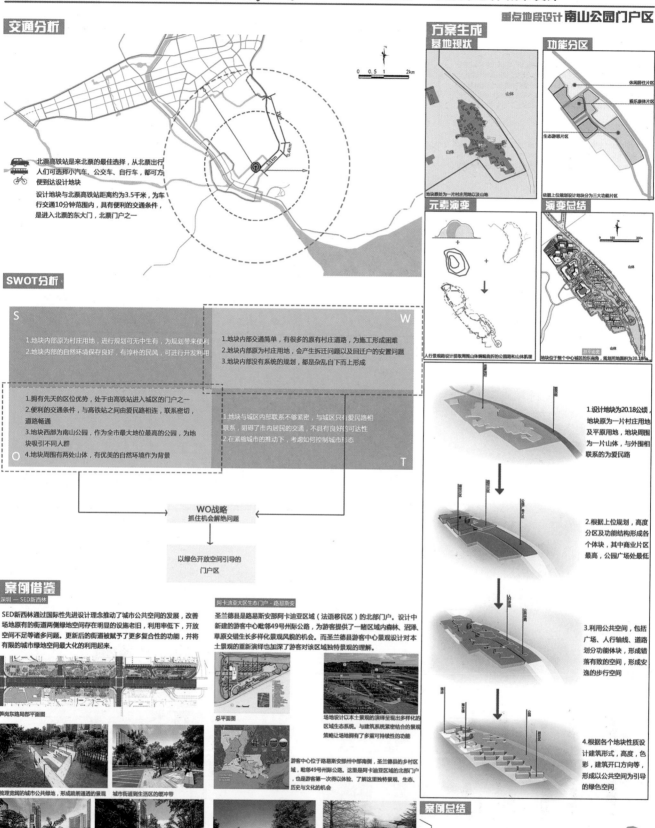

交通分析

北票高铁站是来北票的最佳选择，从北票出行，人们可选择小汽车、公交车、自行车，都可方便到达设计地块

设计地块与北票高铁站距离约为3.5千米，为车行交通10分钟范围内，具有便利的交通条件，是进入北票的东大门，北票门户之一

0 0.5 1 2km

SWOT分析

S
1.地块内部原为村庄用地，进行规划可无中生有，为规划带来便利
2.地块内部的自然环境保存良好，有淳朴的民风，可进行开发利用

W
1.地块内部交通简单，有很多的原有村庄道路，为施工形成困难
2.地块内部原为村庄用地，会产生拆迁问题以及回迁户的安置问题
3.地块内部没有系统的规划，都是杂乱自下而上形成

O
1.拥有先天的区位优势，处于由高铁站进入城区的门户之一
2.便利的交通条件，与高铁站之间由爱民路相连，联系密切，道路畅通
3.地块西部为南山公园，作为全市最大地位最高的公园，为地块吸引不同人群
4.地块周围有两处山体，有优美的自然环境作为背景

T
1.地块与城区内部联系不够紧密，与城区只有爱民路相联系，阻碍了市内居民的交通，不具有良好的可达性
2.在紧缩城市的推动下，考虑如何控制城市形态

WO战略
抓住机会解绝问题

以绿色开放空间引导的门户区

案例借鉴

深圳 — SED新西林

SED新西林通过国际性先进设计理念推动了城市公共空间的发展，改善场地原有的街道两侧绿色空间存在明显的设施老旧，利用率低下，开放空间不足等诸多问题。更新后的街道被赋予了更多复合性的功能，并将有限的城市绿地空间最大化的利用起来。

笋岗东路局部平面图

梳理宽阔的城市公共绿地，形成疏朗通透的景观

城市街道到生活区的缓冲带

视野宽阔的广场，保留了大榕树遮阴的效果，同时用简约的铺装、座椅提供更凉爽的休憩空间

阿卡迪亚大区生态门户 — 路易斯安

圣兰德县是路易斯安那阿卡迪亚区域（法语移民区）的北部门户。设计中新建的游客中心毗邻49号州际公路，为游客提供了一睹区域内森林、沼泽、草原交错生长多样化景观风貌的机会。而圣兰德县游客中心景观设计对本土景观的重新演绎也加深了游客对该区域独特景观的理解。

总平面图

场地设计以本土景观的演绎呈现出多样化的区域生态系统。与景观系统密切结合的景观策略让场地拥有了多重可持续性的功能

游客中心位于路易斯安那州中部南侧，圣兰德县的乡村区域，毗邻49号州际公路。这里是阿卡迪亚区域的北部门户，也是游客第一次得以体验、了解这里独特景观、生态、历史与文化的机会

积被的选取丰富了公园的层次感和规整的阵列感

八种路易斯安那州本土草尾在早春的微风中肆意摇曳着，带来春的气息。在木栈道与半室外空间中景观设计师与建筑师紧密合作，共同打造了一个自然过渡的室内外空间，进一步提升了整体景观的空间体验

方案生成

基地现状

地块概略处为一片村庄用地以及山地

功能分区

体闲居住片区
娱乐康养片区
生态游憩片区

依据上位规划将设计地块分为三大功能片区

元素演变

人行景观路设计提取周围山体蜿蜒起伏的公园路和山体肌理

演变总结

地块位于整个中心城区的东南角，规划用地面积为20.18ha

总平面图

1.设计地块为20.18公顷，地块原为一片村庄用地及平原用地，地块周围为一片山体，与外围相联系的为爱民路

2.根据上位规划，高度分区及功能结构形成各个地块，其中商业片区最高，公园广场处最低

3.利用公共空间，包括广场、人行轴线、道路划分功能地块，形成错落有致的空间，形成安逸的步行空间

4.根据各个地块性质设计建筑形式，高度，色彩，建筑开口方向等，形成以公共空间为引导的绿色空间

案例总结

不同性质建筑之间的隔离缓冲带

在建筑周围设计广场的开放空间，为密集的建提供呼吸空间，并形成舒朗通透的视觉效果

设计建筑小品，为游客提供风雨遮藏所也为公园进行雨水收集，具有可持续性

设计小组：王海洋 朱芳阅 韩蒙　　指导老师：杨彧 赵宏宇
孙诗雨 曾玉熙 孔雪　　参加院校：■东北大学　■北京建筑大学　■沈阳建筑大学　■吉林建筑大学

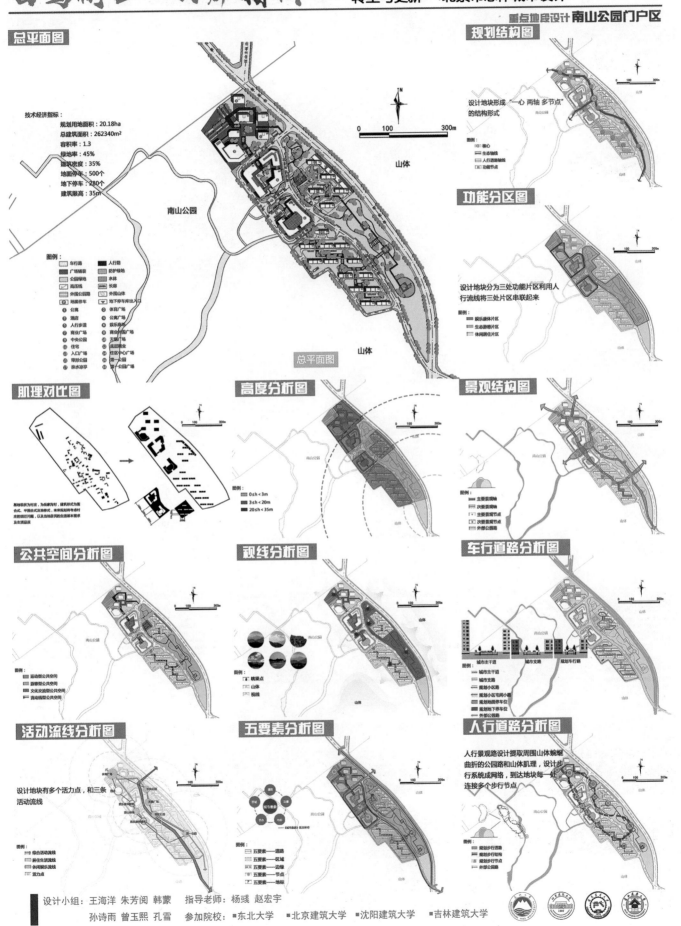

白鸟衔玉·西郡辙城 —— "转型与更新":北票市总体城市设计

重点地段设计 南山公园门户区

总平面图

技术经济指标:
规划用地面积:20.18ha
总建筑面积:262340m²
容积率:1.3
绿化率:45%
建筑密度:35%
地面停车:500个
地下停车:280个
建筑限高:35m

南山公园

山体

山体

总平面图

规划结构图

设计地块形成"一心 两轴 多节点"的结构形式

功能分区图

设计地块分为三处功能片区利用人行流线将三处片区串联起来

肌理对比图

高度分析图

景观结构图

公共空间分析图

视线分析图

车行道路分析图

活动流线分析图

设计地块有多个活力点,和三条活动流线

五要素分析图

人行道路分析图

人行景观路设计提取周围山体婉蜒曲折的公园路和山体肌理,设计步行系统成网络,到达地块每一处连接多个步行节点

设计小组:王海洋 朱芳阅 韩蒙　指导老师:杨彧 赵宏宇
孙诗雨 曾玉熙 孔雪　参加院校:■东北大学　■北京建筑大学　■沈阳建筑大学　■吉林建筑大学

135

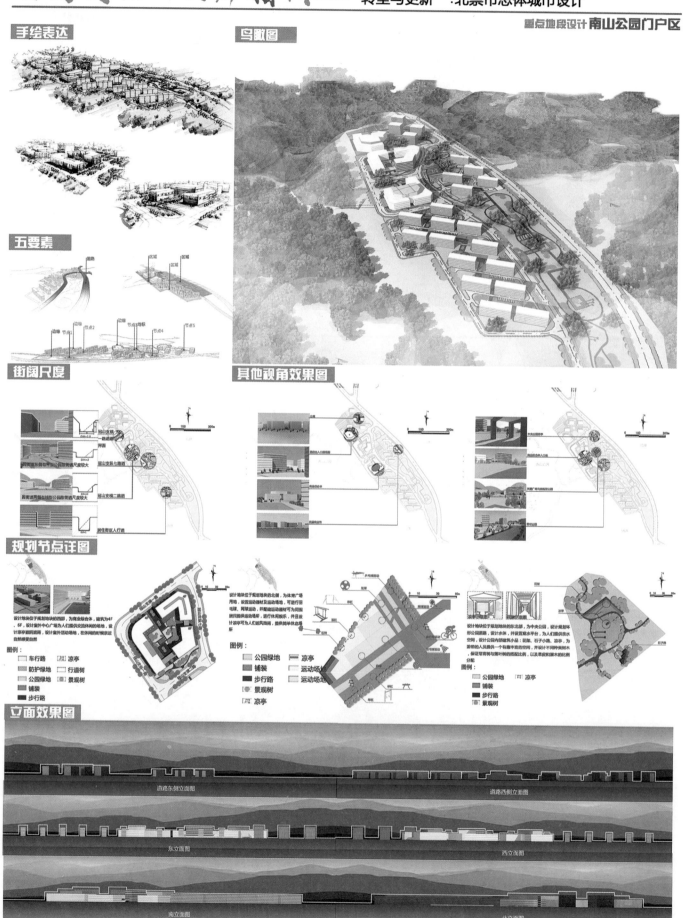

城市设计导则

建筑风格控制

- 工业廊道景观区
- 玉石文化展示景观区
- 生活休闲综合景观区
- 西部新城风貌景观区
- 滨水核心景观区
- 南部生态游憩景观区

建筑色彩控制

工业廊道景观区　玉石文化展示景观区　生活休闲综合景观区　西部新城风貌景观区　滨水核心景观区　南部生态游憩景观区

街道界面控制

完全连续型街廓

完全连续型街廓主要应用于城市商业性街道，以及建筑组合关系较单一的工业区中。这种形式的街廓界面保持了视觉连贯性。为步行者和慢速交通人群提供了舒适安全的心里感受。

不连续型街廓

不连续型街廓规划应用于与城市自然景观毗邻的街道，使自然元素有效渗透进城市空间之中，这时的街廓空间由树木树冠界定，街道界面则由植物连续栽植而形成。

图例
- 完全连续型街廓
- 多层节奏连续型街廓
- 中高层连续型街廓
- 中高层断续型街廓
- 不连续型街廓

沿街界面控制图

多层节奏连续型街廓

多层节奏连续型街廓主要应用于沿街以居住建筑或工业建筑为主的街道上，一般由建筑整体形成连续界面。在保证一定连续性基础上通过建筑高度的节奏变化，增加街廓空间趣味。

中高层断续型街廓

中高层断续型街廓规划应用于快速车行交通性道路，一般由底层商铺形成街道连续界面。这种形式街廓以满足快速行驶中视觉需求为主，通过建筑高度上大尺度的节奏变化，改善视觉疲劳状况。同时也通过高层建筑提供城市标识导向作用。中高层断续型街廓更多适用于与城市自然景观毗邻的街道。

中高层节奏连续型街廓

中高层节奏连续型街廓规划应用于快速车行交通性道路，一般由底层商铺形成街道连续界面。这种形式街廓以满足快速行驶中视觉需求为主，通过建筑高度上大尺度的节奏变化，改善通过高层建筑提供城市标识导向作用。

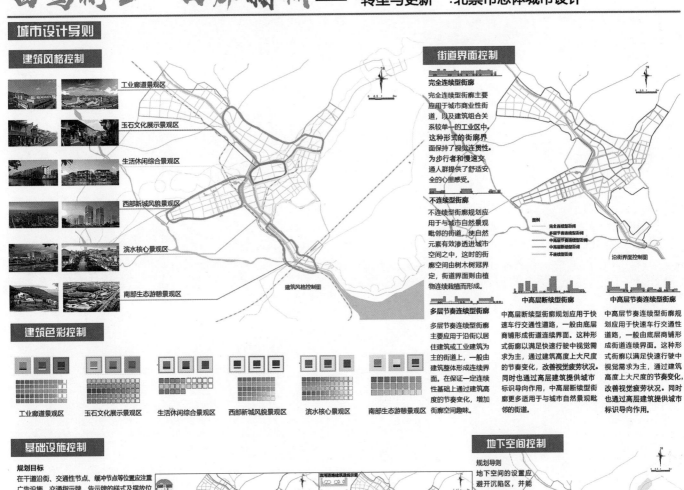

基础设施控制

规划目标

在干道沿街、交通性节点、缓冲节点等位置应注重广告设施、交通指示牌、告示牌的样式及摆放位置。在道路两侧和道路路口设置户外广告设施，不得妨碍安全视距、影响通行。

重要交通性道路广告牌设置导则

（一）不得利用交通标志、护栏等道路交通安全设施设置；应与交通设施保持必要的距离，不得设置与交通标志的形状、图形、尺寸相类似的广告；

（二）不得遮挡市政公共设施、交通信号、交通标志、标线，妨碍交通参与者安全视距和车辆、行人通行，妨碍无障碍设施使用；不得占用道路或者跨越、延伸至道路（指机动非车道）垂直上方空间；

（三）不得附着于路灯杆、电力杆、电讯杆、电车动力杆、交通设施杆等道路附属设施；

（四）不得附着于立交桥、人行过街桥、铁路桥等各种桥梁；

（五）道路交叉口50米范围内设置在10米以下的附着式广告、店招、店牌，应注意不得对交通标志和交通管制灯造成影响、干扰。

告示牌

（一）指路牌、地名牌：可作医院、学校、派出所等公益设施及其他大型公建的指示，不得设置商业广告。

（二）公交站台：按现有位置设置，如遇站台位置变更，参照原审定的设计设置，站名牌不得发布广告。

（三）公益广告须统一规划管理，各区、各部门不得擅自设置；可在全市范围内规划预留一定比例的公益广告位置；凡空置广告位置宜以公益性内容补充版面。

夜景规划

（一）高架路、立交桥、人行天桥应设置灯光装饰，并不得影响交通安全；城市主要出入口的路灯设计应体现特色，成为标志性城市设施；不得影响市政设施的日常维护；

（二）设置于交通管制灯附近的广告不得设有闪光、间歇、红色、绿色或黄色的照明，不得成为交通管制灯的背景。

地下空间控制

规划导则

地下空间的设置应避免沉陷区，并能够满足周边居民的基本需求。地下停车库的面积控制应在总建筑面积的15%~20%。

地下空间控制图

开放空间及绿地控制

1.在现状的基础上完善和丰富各类开放空间，实现社区内灵活分布社区外点状、线状、面状开放空间结合的完整体系。

2.开敞空间在布置和设计上体现天鹅与战国红的特点，满足市民运动游憩、购物娱乐、运动健身等各项功能。

城市景观轴线：主要沿东官河呈带形分布，沿河步道、沿河景观带组成，南北向的景观轴线串联城市北都韧性空间、工业组团、老城区天鹅湖旅游度假区，同时通过过次要景观轴线向城区渗透，使居民都达到亲水近绿的感受。

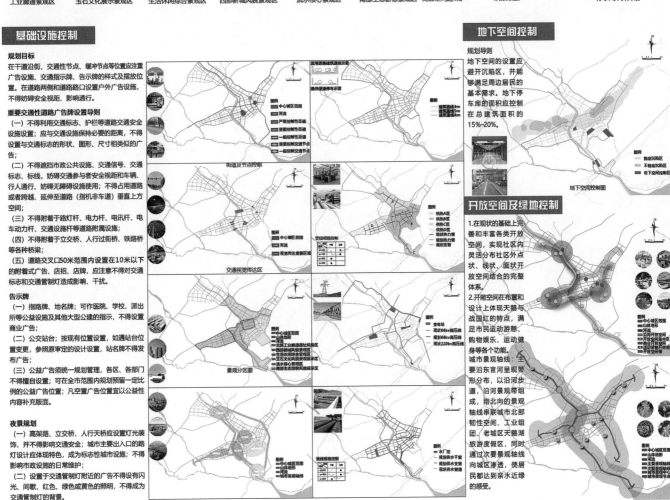